"十三五"国家重点图书出版规划

新型职业农民书架　技走四方系列

一本书明白

鸡病防治

张秀美　主编

山东科学技术出版社　山西科学技术出版社　中原农民出版社
江西科学技术出版社　安徽科学技术出版社　河北科学技术出版社
陕西科学技术出版社　湖北科学技术出版社　湖南科学技术出版社

山东科学技术出版社
www.lkj.com.cn

联合出版

图书在版编目（CIP）数据

一本书明白鸡病防治/张秀美主编. —济南:山东
科学技术出版社,2018.1
ISBN 978 - 7 - 5331 - 9183 - 2

Ⅰ.①一… Ⅱ.①张… Ⅲ.①鸡病—防治
Ⅳ.①S858.31

中国版本图书馆 CIP 数据核字(2017)第 303873 号

一本书明白鸡病防治

张秀美　主编

主管单位:山东出版传媒股份有限公司
出 版 者:山东科学技术出版社
　　　　地址:济南市玉函路 16 号
　　　　邮编:250002　电话:(0531)82098088
　　　　网址:www. lkj. com. cn
　　　　电子邮件:sdkj@ sdpress. com. cn
发 行 者:山东科学技术出版社
　　　　地址:济南市玉函路 16 号
　　　　邮编:250002　电话:(0531)82098071
印 刷 者:济南继东彩艺印刷有限公司
　　　　地址:济南市二环西路 11666 号
　　　　邮编:250022　电话:(0531)87160055

开本:787mm×1092mm　1/16
印张:9.5
字数:145 千
印数:1 - 3000
版次:2018 年 1 月第 1 版　2018 年 1 月第 1 次印刷

ISBN 978 - 7 - 5331 - 9183 - 2
定价:39.00 元

主编 张秀美

编者 许传田 胡北侠 黄艳艳 郑爱红
刘 霞 唐仲明 郑 军

目　录

单元一
肉鸡早期营养与饲料原料

单元提示

1. 肉鸡早期营养

2. 饲料原料

3. 饲料原料开发

4. 饲料霉菌毒素污染与鸡曲霉菌病

一、肉鸡早期营养

种蛋孵化期间和雏鸡出壳后几天的营养（即早期营养），在一定程度上决定了最终的生产性能。

（一）种鸡营养

喂给种鸡营养均衡的全价配合饲料，添加足够的维生素 E 和微量元素硒，保证饲料中抗氧化剂的有效性和持久性，商品代鸡苗才能健康。

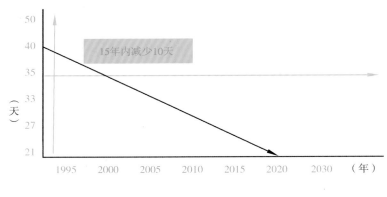

肉鸡生长性能发展趋势

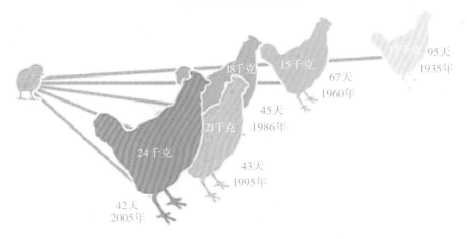

肉鸡生长性能概况

(二) 蛋内注射

蛋内注射,也称卵内给养,即通过蛋内注射方式为鸡胚提供营养物质或接种疫苗。在美国，通常在孵化的第 18 天直接注射疫苗和营养液到种蛋内，后期基本不需其他的常规免疫程序。相比之下，国内养殖的肉鸡全程都需要疫苗的保护，不仅增加了鸡群的应激，降低了生产效益，而且对疾病的控制效果也有限。

卵内给养能带来八大好处，即能促进肠道发育；增加糖原储备；提高养分的利用效率；改善雏鸡免疫机能，降低发病率和死亡率；促进肌肉组织发育；减少骨骼发育问题；提高雏鸡的质量和生产性能等。

蛋内接种疫苗技术是指对一定胚龄的鸡胚接种疫苗，使雏鸡出壳时就具有特异性主动免疫力，因此，也称胚胎免疫。这一免疫接种技术因为能避免雏鸡早期感染特定传染病，所以越来越受到国内外学者的关注。

蛋内注射技术工作效率高。每台蛋内注射机每小时可接种 3 万个胚蛋，比人工接种雏鸡提高工效 100 倍以上。

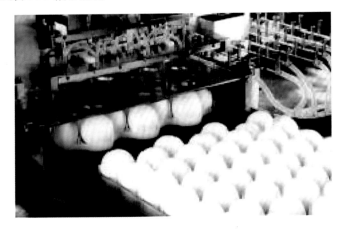

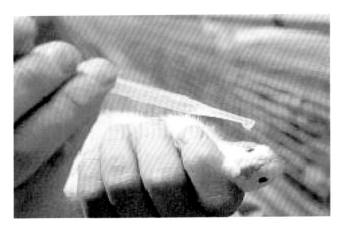

蛋内接种疫苗的应激反应低。常规的肉鸡免疫每批需抓鸡 3～4 次，不仅要耗费大量人力和时间，而且对肉鸡带来强烈的应激反应，胚胎免疫则可以有效避免应激。

蛋内接种疫苗的免疫更精确一致。蛋内注射机在接种操作上具有一致性、精确性及温和性等优点，排除了人工接种有遗漏或接种不完全的弊端。

蛋内接种疫苗的注射用途广。胚胎注射可以用于早期疫苗免疫，还可以用于某些生物活性物质与病毒疫苗的联合接种，大大提高了对疾病的免疫能力和抗体效价。

> **提示** 胚胎免疫接种要求不高，技术难度不大，目前已有集自动消毒、注射、封洞于一体的蛋内注射系统。大型养鸡场可以积极推广这项技术，降低发病率。

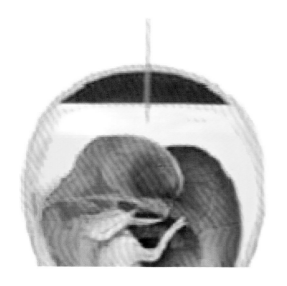
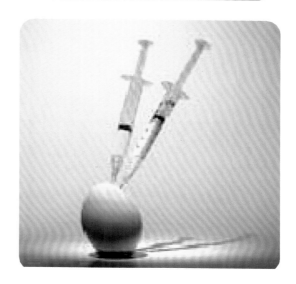

（三）鸡花料

10 日龄前肉鸡的肠道消化系统发育不健全，对营养物质的利用率较低。雏鸡出壳后须尽早开食，这有利于刺激消化道发育，提高食欲，增加上市体重。雏鸡出壳后的 24 ~ 30 小时，为最佳开食时间。

考虑到雏鸡 7 日龄体重对提高综合生产效益的重要性，这段时间最好采用原料质量较高的开口料，即鸡花料，来弥补雏鸡消化吸收能力的不足。

> **提示** 肉鸡饲料配方师设计育雏料（鸡花料）时要采用优质原料，粗蛋白要达到21%～22%，代谢能12 747千焦/千克。此外，保证供给雏鸡充足的饲料及饮水。

二、饲料原料

（一）大麦

1. 营养价值

大麦是皮大麦（普通大麦）和裸大麦的总称。大麦的蛋白质平均含量为11%，国产裸大麦的蛋白质含量可达20.3%。氨基酸组成中赖氨酸、色氨酸、异亮氨酸等含量较高。

左为皮大麦，右为裸大麦

2. 大麦主要的抗营养因子

（1）非淀粉多糖：主要是 β - 葡聚糖。β - 葡聚糖在肠道内与水分子结合，形成凝胶，增加了肠道内容物的黏度，对营养物质的消化和吸收会产生不利影响。

（2）呕吐毒素：又称脱氧雪腐镰刀菌烯醇（DON），是一种由禾谷镰刀菌分泌的物质。呕吐毒素属单端孢霉烯族，一般由寄生于小麦、玉米、大麦与秣草等谷类的真菌所产生。呕吐毒素会导致肉鸡恶心（呕吐）、拒绝进食，发生肠胃炎、痢疾、免疫抑制与血液病等。

（3）单宁：约60%存在于麸皮，10%存在于胚芽。单宁影响大麦的适口性和蛋白质消化利用率。

（4）植酸：含量为 0.03% ~ 0.16%，低于小麦和燕麦，高于黑麦。

> **提示**　热处理：将大麦蒸煮50分钟后，快速通过压辊，然后磨碎。热处理能降低谷物的淀粉和纤维成分，改善酶对营养物质的有效作用，提高消化率。
>
> 　　添加酶制剂：大麦日粮中添加 β - 葡聚糖酶，可有效降解大麦中的 β - 葡聚糖，降低食糜黏度，释放养分，提高动物的生产性能。

（二）花生饼

花生饼是以脱壳或部分脱壳的花生仁为原料，经压榨或浸提取油后的副产品。花生仁榨油工艺可分为浸提法、液压螺旋压榨法、预压浸提法及土法夯榨等。

1. 营养组成

花生饼的营养成分期望值　　　　　　　　　　（单位：%）

成分	花生饼	
	期望值	范围
水分	9.0	8.5 ~ 11.0
粗蛋白	45.0	41.0 ~ 47.0
粗脂肪	5.0	4.0 ~ 7.0
粗纤维	4.2	—
粗灰分	5.5	4.0 ~ 6.5
代谢能（兆焦/千克）	11.64	

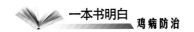
2. 饲用价值

优质花生饼香味浓郁、适口性好、营养价值高，消化能、代谢能和粗蛋白质是饼类饲料中最高的。花生饼的赖氨酸和蛋氨酸含量低，赖氨酸仅为豆饼的1/2。因此，花生饼适合与含赖氨酸高的玉米和鱼粉等饲料搭配使用，必要时还要补充赖氨酸。

3. 注意事项

饲料中添加花生饼，要注意氨基酸的平衡。例如，在花生饼饲粮中添加0.13%～0.30%赖氨酸，能促进家禽氮平衡和提高生产性能。花生饼贮存时间不宜过长，时间长易感染黄曲霉，产生黄曲霉毒素。黄曲霉毒素种类有 B_1、B_2、G_1、G_2、M_1、M_2 等，以 B_1 的毒性最强。黄曲霉毒素可以引起家禽中毒。雏鸡对黄曲霉毒素较敏感，主要表现为精神不振，食欲减退，嗜睡，生长发育缓慢，消瘦，贫血，体弱，冠苍白，翅下垂，腹泻，粪便中混有血液，共济失调，角弓反张，最后衰竭而死。最急性中毒者，常没有明显症状而突然死亡。在各国饲料法规中，对黄曲霉毒素 B_1 最高允许量均有规定。

> **提示** 花生饼的粗纤维含量不能过高，否则，会降低饲料中营养物质的消化率，影响鸡的食欲。

（三）高粱

高粱根据用途不同，可划分为粒用高粱、糖用高粱、饲用高粱、工艺用高粱等。饲用高粱可大致分为籽粒饲用高粱、饲草高粱和青贮甜高粱 3 种。

1. 营养特性

高粱籽粒，胚乳占80%，胚芽占11%，种皮占6%。

高粱粒的营养成分　　　　（单位：干物质,%）

各部分	全粒中	灰分	粗脂肪	粗蛋白	粗纤维	淀粉
全粒	100.0	1.89	3.47	13.99	1.93	68.52
皮	5.5	3.07	4.33	7.08	15.36	1.60
角状胚乳	54.7	0.56	0.15	15.11	0.69	72.24
糊状胚乳	28.7	0.71	0.28	8.91	0.81	82.50
胚芽	11.1	9.46	19.92	20.84	9.11	1.53

一般认为饲用高粱的营养价值较低，约是玉米的95%。高粱的外周胚乳质地致密且坚硬，能阻止水分的渗入。高粱籽实中的醇溶蛋白，可使蛋白质和淀粉的消化率降低。

2. 高粱的抗影响因子

高粱籽粒中单宁含量较高，将直接影响蛋白质的可消化性。高粱的代谢能与单宁含量呈显著的负相关。降低高粱中的单宁含量，有作物育种、建立科学的饲养制度、物理脱毒和化学脱毒等4种方法。

3. 饲用价值

高粱籽粒的营养成分与玉米相似，蛋白质含量稍高于玉米。高粱籽粒适于作畜禽饲料，饲用效能大于燕麦和大麦，大致相当于玉米。高粱籽粒中含有少量的单宁，具有收敛作用，可有效防治幼禽白痢病等肠道疾病。把高粱配合饲料与其他配合饲料交替饲喂，能促进家禽食欲与营养吸收。

4. 质量标准

感官要求籽粒整齐，色泽鲜艳一致，无发霉、变质、结块及异味异臭，不得掺入杂质。

高粱分级标准　　　　　　　　　　　　　　（单位:%）

质量标准	一级	二级	三级
粗蛋白质	≥9.0	≥7.0	≥6.0
粗纤维	<2.0	<2.0	<3.0
粗灰分	<2.0	<2.0	<3.0

三、饲料原料开发

DDGS是在以谷物（玉米、高粱、大麦、小麦等）为原料，生产食用酒精、工业酒精、燃料乙醇时，经过糖化、发酵、蒸馏除酒精后，残留物及残液再经干燥处理的产物。残留物是指谷物发酵提取酒精后剩余的残片和碎渣，其中浓缩了谷物中除淀粉和糖以外的其他营养成分，如蛋白质、脂肪、维生素等。残液是指发酵提取酒精后溶于水中的酒精糟可溶物，包含了谷物中一些可溶性营养物质，如发酵中产生的未知生长因子、糖化物、酵母等。

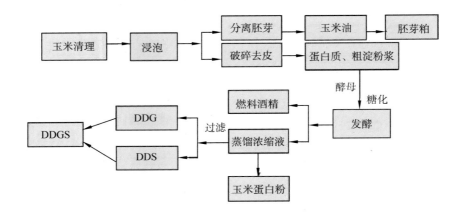

湿法加工玉米 DDGS 工艺流程

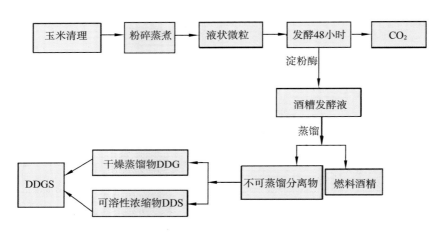

全粒法加工玉米 DDGS 工艺流程

DDGS 与原料（谷物）相比，具有低淀粉、高蛋白质、高脂肪和可消化纤维以及高有效磷含量的特点。玉米 DDGS 为金黄色至深褐色，烘干温度高会使颜色加深；有发酵的气味，含有机酸，口感有微酸味。

四、饲料霉菌毒素污染与鸡曲霉菌病

据估计，全世界每年约有25%农作物受到霉菌毒素的污染，平均有2%的粮食由于霉变而不能食用，霉变对畜禽的危害更是难以统计。据联合国粮农组织估算，全世界由于霉菌毒素污染造成的损失，每年达数千亿美元。

（一）霉菌毒素的种类

根据对我国饲料及饲料原料进行霉菌毒素污染的采样调查，黄曲霉毒素、T－2毒素、呕吐毒素和玉米赤霉烯酮检出率高达100%。全价料的霉菌毒素检出率明显高于单一能量饲料和蛋白饲料，检出率在90%以上。

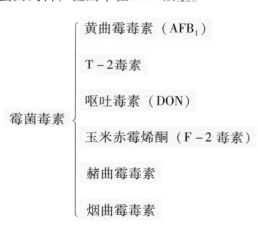

国标中关于饲料中霉菌毒素的最高限量

毒素种类	饲料类别	允许量	参考标准
黄曲霉毒素 B_1	肉用仔鸡前期、雏鸡/肉用仔鸭前期、雏鸭/仔猪配合饲料及浓缩料，奶牛精料补充料/肉牛精料补充料	$\leqslant 10 \times 10^{-9}$	GB13078－2001
	生长鸭/肉用仔鸭后期/产蛋鸭配合饲料及浓缩饲料	$\leqslant 15 \times 10^{-9}$	
	生长育肥猪、种猪/肉用仔鸡后期、生长鸡、产蛋鸡/鹌鹑配合饲料及浓缩料	$\leqslant 20 \times 10^{-9}$	
玉米赤霉烯酮	配合饲料/玉米	$\leqslant 500 \times 10^{-6}$	GB13048.2－2006

（续表）

毒素种类	饲料类别	允许量	参考标准
呕吐毒素	猪/犊牛/泌乳动物配合饲料	$\leq 1 \times 10^{-6}$	GB13078.3 - 2007
	牛/家禽配合饲料	$\leq 5 \times 10^{-6}$	
T - 2 毒素	猪/禽配合饲料	$\leq 1 \times 10^{-6}$	GB21693 - 2008
赭曲霉毒素 A	配合饲料/玉米	$\leq 100 \times 10^{-9}$	GB13048.2 - 2006

（二）霉菌毒素的危害

霉菌毒素能分解饲料养分，降低饲料利用率，分解过程中产生大量刺激性气味，降低饲料适口性。霉菌毒素能降低肉鸡的生产性能和繁殖性能，致癌、致畸变，死亡率升高。霉菌毒素可经食用肉、乳汁传入人体，造成危害。

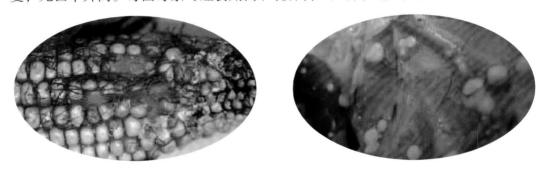

黄曲霉毒素致使玉米霉变　　　　　　黄曲霉毒素对鸡造成的致癌作用

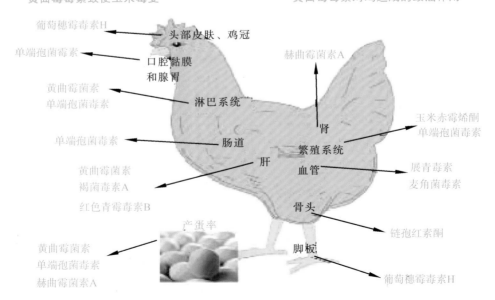

不同毒素对鸡内脏器官的危害

1. 黄曲霉毒素

黄曲霉毒素主要由黄曲霉和寄生曲霉产生。家禽中毒，表现为法氏囊和胸腺萎缩，皮下出血，免疫反应差，抗病力下降，疫苗失效，蛋变小，蛋黄重量变小，受精率、孵化率降低，胚胎死亡率增加及发育不正常。

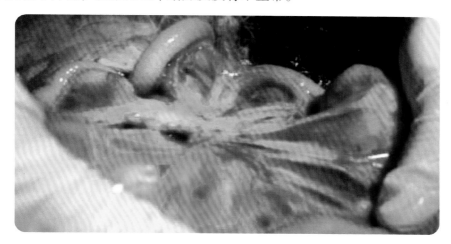

鸡黄曲霉毒素中毒

2. 赫曲霉毒素

赫曲霉毒素（OT）主要由曲霉菌和青霉菌产生，可分为A、B两种类型。赫曲霉毒素A的毒性较大，是最广泛的污染物。

赫曲霉毒素影响肉鸡对蛋白质和碳水化合物的利用吸收，对肉鸡的生产性能和免疫应答有明显的抑制作用，能引起肉鸡的肝脏与肾脏的损伤，导致肉鸡抵抗力与免疫力下降。

3. 呕吐毒素（DON）

DON主要存在于玉米、小麦、大麦和燕麦中。一般DON在田间产生。谷物储存条件差、湿度在20%～22%时，易产生DON。

DON能引起肉鸡食欲下降或拒绝采食，体重下降，甚至呕吐；有时还伴有皮肤或皮下黏膜上皮发炎、红肿，甚至坏死。

4. T-2毒素

T-2毒素属A型单端孢霉毒素，是镰刀霉菌毒素的一种，主要由三线镰刀菌产生，存在于玉米、小麦、大麦和燕麦中。

T-2毒素可造成鸡产蛋率降低、羽毛生长不良、口腔溃疡、采食量下降、拒食、神经失调、抑制免疫力等。

雏鸡摄入含10毫克/千克T-2毒素的日粮3周，产生严重的口腔损伤

5. 玉米赤霉烯酮（F-2毒素）

玉米赤霉烯酮（ZEA）又称F-2毒素，是一种取代的2,4-二羟基苯甲酸内酯，主要由禾谷镰刀菌、串珠镰刀菌、三线镰刀菌和雪腐镰刀菌等产生。当环境温度很快降低时，未完全晒干的玉米易产生ZEA。

肉鸡的F-2毒素中毒，表现为鸡冠变红、变厚，易惊群，打鸣，生长发育严重受阻等。

6. 烟曲霉毒素（FUMs）

FUMs可损伤家禽免疫系统、肝脏、肾脏，降低生产性能，采食量下降，严重时死亡。

（三）霉菌毒素吸附剂

市场上霉菌毒素吸附剂的种类繁多，按照产品的有效成分，霉菌毒素吸附剂可分为三大类。

1. 黏土类或硅铝酸盐类

此类产品属于无机物，共同缺点是能吸附黄曲霉毒素，还会吸附矿物质等营养成分。

（1）高岭土：用来制造瓷器的原料。高岭土的延展性及吸附能力较差，因此，一般很少用来作霉菌毒素吸附剂。

（2）沸石粉：沸石粉的结构特殊，呈蜂巢状，能有效吸附矿物质（铜、铁、锌、锰和镁）和氨（NH_3^+ 和 NH_4^+）。由于沸石粉能有效吸附正价离子，故日常生活中所使用滤水器的滤芯就含有沸石粉，用来吸附硬水中的矿物质。在饲料中添加沸石粉要适量，否则，会造成家禽的矿物质缺乏症。

（3）膨润土：又称为班脱土、蒙托石，代号 E558。钠盐的膨润土吸水后会膨胀，形成胶状。在饲料业，最初利用膨润土这个特性来改良饲料质量，或用作抗结块剂，后来发现膨润土能吸附带有极性的黄曲霉毒素，所以开始作为霉菌毒素吸附剂。但要注意，膨润土也能吸附其他带有极性的物质，如部分抗生素，会影响治疗疾病的效果。

2. 活菌和酶类

（1）活菌和酶对热耐受力差，在饲料制粒过程中会被破坏。有些活菌和酶甚至在禽畜的体温下也无法发挥作用。

（2）活菌和酶对酸耐受力差，在通过禽畜胃部时可能会被胃酸破坏。在饲料中使用有机酸时，也会对此类产品产生抑制及破坏作用。

（3）酶分解霉菌毒素后的最终产物，可能还是有毒性的。

（4）酶对基质的专一性非常强。由于霉菌毒素种类繁多，结构也大不相同，所以，基本上一种酶只能分解一种霉菌毒素。

3. 酵母细胞壁类

近年来的研究发现，存在于酵母细胞外壁的功能型碳水化合物可结合多种霉菌毒素。酵母细胞能通过吸收毒物和病原菌，改善动物健康。根据这一研究，酵母细胞壁提取物很可能成为新型霉菌毒素吸附剂，是具有很大开发价值的天然绿色添加剂。开发复合型霉菌毒素吸附剂是未来的研究方向。

（四）鸡曲霉菌病

目前霉菌毒素中毒造成的损失惨重，成为肉鸡养殖生产中重点关注的疾病之一。

1. 病原

曲霉菌病（霉菌性肺炎）病原主要是黄曲霉、烟曲霉。污染的饲料、垫料和环境中存在大量霉菌。曲霉菌在自然环境中适应能力强，温暖潮湿环境下 24～30 小时就可产生孢子。霉菌孢子耐热，煮沸 5 分钟。对化学消毒剂有很强的抵抗力，1～3 小时才能灭活。曲霉菌类产生的毒素，在鸡体内蓄积可以引起中毒，造成鸡的抵抗力下降、采食量减少、营养代谢紊乱、免疫抑制、生产性能降低、组织器官变性坏死等。

2. 流行特点

霉菌性肺炎 3 周龄雏鸡多发，呈急性群发，发病率和死亡率高。霉菌毒素中毒具有很强的隐性和慢性特征，临床对该病的关注度不够，处理不及时，会严重影响鸡群的生产性能，损失严重。

3. 临床症状

病雏衰弱，张口呼吸，发生霉菌性眼炎，眼睑鼓起，闭目不睁。肉鸡霉菌毒素中毒表现生长缓慢，排稀粪便，羽毛异常，死淘率增高。性早熟症状明显，鸡冠变厚、发红，兴奋易惊群，腹泻。种鸡霉菌毒素中毒表现口腔溃疡，采食速度变慢，排灰白色稀粪，无产蛋高峰期，蛋壳发白，破蛋率高，早、中期死亡胚胎明显增多，胚胎畸形率高。

4. 病理变化

雏鸡患曲霉菌病，可见肺、气囊和胸腔浆膜上有针头至黄豆大小、黄白色结节，病灶质地较硬，易剥离。肉鸡霉菌毒素中毒可见腺胃肿大，肌胃糜烂，胸腺、脾脏及法氏囊萎缩，肠壁变薄，肠道有不同程度的出血性炎症。种鸡霉菌毒素中毒，可见肌胃发黑，有坏死灶，腺胃糜烂出血。卵泡发育不全。个别鸡肝肿大、硬化，脾肿大、淤血。后代雏鸡卵黄吸收不好，发暗发绿。3~10 日龄雏鸡腺胃发黑，伴有心包炎。

霉菌性眼炎

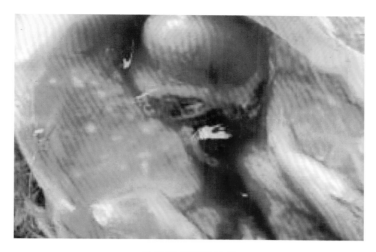

雏鸡气囊霉菌结节

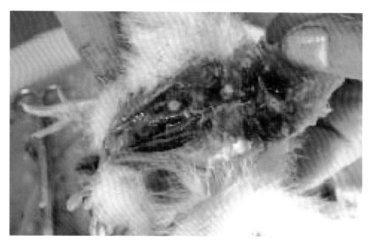

雏鸡肺脏、肾脏霉菌结节

肉鸡性成熟早，鸡冠发育异常

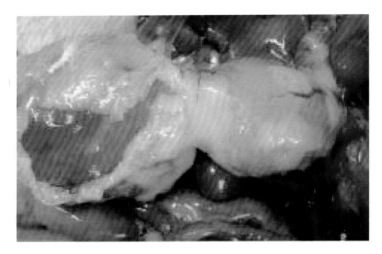

肉鸡腺胃肿大

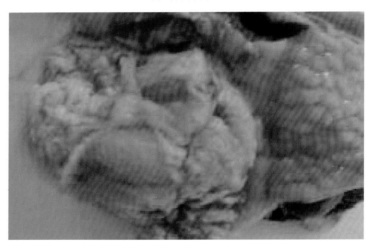

肉鸡肌胃角质膜溃疡、糜烂

肉鸡肠内有不消化饲料

种鸡排灰白色稀便

蛋壳发白，畸形蛋增多

种鸡口腔溃疡

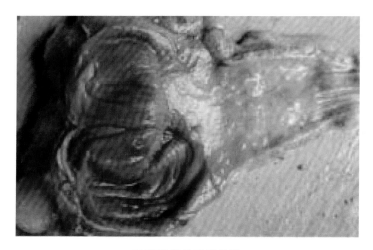

种鸡肌胃角质膜发黑

种鸡肝脏肿大、硬化

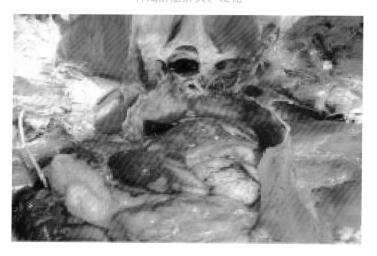

种鸡脾脏淤血、肿大

早中期死胚增多

胚胎畸形

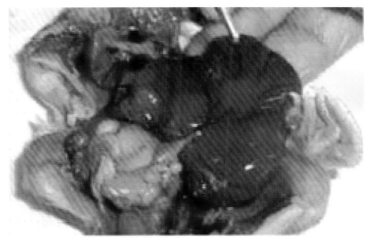

卵黄吸收不好，发暗发绿

腺胃发黑

5. 病因分析

地面平养鸡垫料发霉，网养鸡料塔底料发霉。使用玉米蛋白粉、花生粕、小麦、次粉等替代饲料霉菌毒素超标，是肉鸡发病的主要因素。

6. 诊断

根据本病的流行特点、临床表现和病理变化可作出初步诊断。确诊需要依靠实验室技术，取病灶置于载玻片上，加1滴20%的氢氧化钾溶液，用小镊子将病料划碎，盖上盖玻片镜检，可见菌丝体和孢子。采用荧光检测法、酶联免疫吸附法、胶体金免疫层析法检测，可发现饲料中的霉菌毒素含量严重超标。

7. 防治措施

杜绝使用含霉菌毒素的原料，饲料中添加脱霉剂时注意质量。对于发病鸡群，要以快速清除体内霉菌毒素加保肝健肾相结合。β－葡聚多糖对饲料中的霉菌毒素有极强的吸附作用，并能强化免疫系统功能，促进免疫器官发育，提高雏鸡成活率。饮水中添加葡萄糖、维生素C、中草药提取剂，可加快鸡的解毒和排毒。

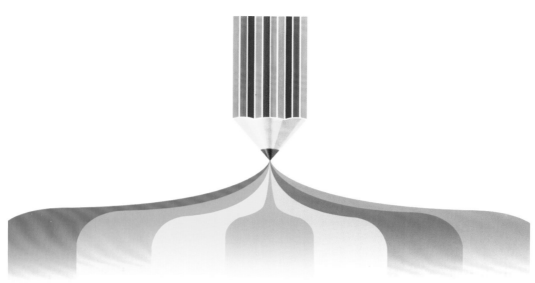

单元二
肉鸡肠道健康

单元提示

    1. 肉鸡的消化系统   2. 保证肉鸡肠道健康的意义

    3. 影响肉鸡肠道健康的因素   4. 保证肉鸡肠道健康的措施

一、肉鸡的消化系统

肉鸡的消化系统，包括口腔、咽、食道、嗉囊、腺胃、肌胃、十二指肠、空回肠、盲肠、直肠、泄殖腔，以及胆囊、肝脏和胰腺等。

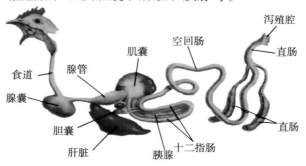

23

肉鸡的消化道短，仅为体长的 6 倍，饲料通过消化道的时间大大短于其他家畜，雏鸡约为 4 小时，成年肉鸡约为 8 小时。

二、保证肉鸡肠道健康的意义

肉鸡肠道健康，则有能力执行代谢功能——消化、分泌、吸收和营养运输，为生长提供最大的能量，维持微生物平衡和提高抗病力。肉鸡肠道不健康，则排饲料便，垫料潮湿，肠壁薄、内容物水样或消化不完全，下痢、水便等，脚垫质量差。只有在保证肉鸡肠道健康的前提下，才能有良好的饲料转化率，达到预期的生产目标和经济效益。

正常粪便

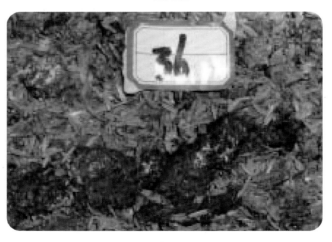

稀便

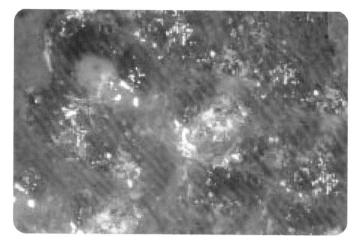

西红柿样粪便

尿酸盐过多粪便

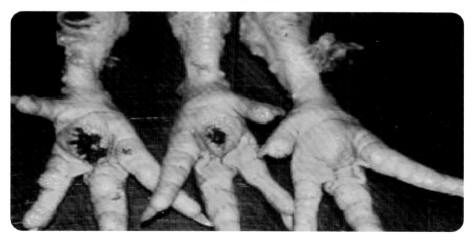

垫料潮湿引起的脚垫问题

肉鸡健康肠道（上）与不健康肠道（下）剖检对比

三、影响肉鸡肠道健康的因素

（一）饲料营养因素

饲料营养不平衡、原料污染及使用劣质原料等，都会影响肉鸡肠道健康和功能的完整性。

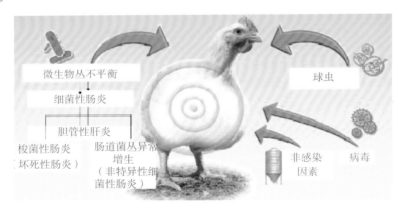

影响肉鸡肠道健康的因素

1. 饲料原料

饲料原料中的谷物含非淀粉多糖，有些非淀粉多糖是水溶性的，会导致肠道内容物变得黏稠，降低营养成分的消化和吸收，并增加肉鸡的饮水量；同时增加了排泄物的含水量，导致垫料潮湿。日粮中非淀粉多糖含量过高，会使肠道内容物的黏性增强，食糜在肠道中的停留时间延长，从而有利于产气荚膜梭菌在肠道中定植，损害肉鸡肠道健康。

谷物中水溶性淀粉多糖含量

项目	大麦	燕麦	黑麦	小麦
阿糖基木聚糖				
总量	56.9	76.5	84.9	66.3
水溶性	4.8	5.0	26	11.8
β–葡聚糖				
总量	43.6	33.7	18.9	6.5
水溶性	28.9	21.3	6.8	5.2

2. 蛋白质水平

日粮中蛋白质水平过高，过多的蛋白质被分解并通过肾脏以尿酸的形式排泄，增加了肉鸡的饮水量和排泄量，从而导致垫料的潮湿。饲喂蛋白质水平高的日粮，食糜在肉鸡肠道中更有利于 C 型产气荚膜梭菌的生长，易发生肠炎。

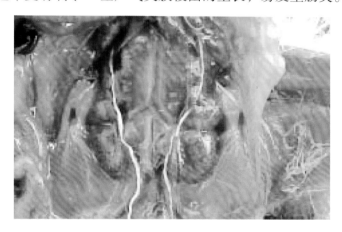

蛋白质水平高导致的肉鸡尿酸盐沉积

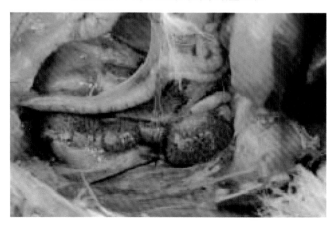

花斑肾

27

3. 矿物质水平

一般日粮中钾的水平高于0.9%，就会导致肉鸡饮水过量，从而影响肠道健康。

（二）疾病因素

1. 细菌

产气荚膜梭菌是革兰阳性厌氧菌，能够产生芽孢，分泌各种毒素和酶。毒素可以引起肠道上皮细胞膜水解，肠道黏膜坏死或脱落，导致肉鸡消化不良和排红色带黏液的稀便等。由产气荚膜梭菌引起的坏死性肠炎在肉鸡饲养中广泛存在，急性型会造成肉鸡死亡，而大多数亚临床症状是营养消化吸收率下降、鸡只体重减轻、料肉比增加等。

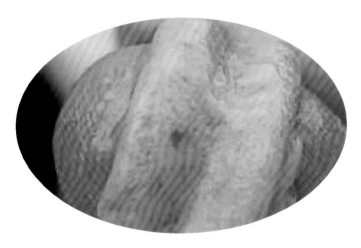

产气荚膜梭菌引起的肠道病变

坏死性肠炎

产气荚膜梭菌作为肉鸡肠道常驻菌，只有在其他致病因子存在时，才会诱发临床性坏死性肠炎。通常情况下，球虫病导致的肉鸡肠道黏膜损伤是坏死性肠炎暴发的重要诱因，因为临床发现球虫病通常是在坏死性肠炎发生之前，或者是二者同时暴发。

2. 球虫病

据报道，全世界肉鸡养殖业每年因球虫病造成的经济损失高达 20 多亿美元。球虫在鸡体内要经过裂殖增殖和配子生殖阶段，当裂殖体在肠上皮细胞中大量增殖时，则会破坏肠黏膜，引起肠道炎症，不能吸收营养物质；细菌容易侵入，引起继发感染。例如，C 型产气荚膜梭菌很容易在肠道中繁殖，并定植于肠道受损部位。

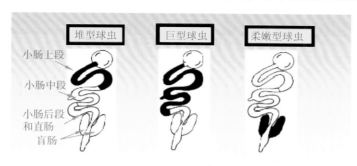

球虫在肠道中的感染部位

球虫病可破坏肠道细胞，肠道菌群失衡，引起肠炎，死淘率升高，生产性能下降。

球虫病引起的异常粪便

球虫引起肉鸡生长停滞，死淘率升高

3. 病毒

肉鸡的许多肠道疾病与病毒感染有关，包括轮状病毒、肠病毒、呼肠孤病毒等。肠道病毒感染可发生在肉鸡生长的任何阶段，感染后会影响鸡群生长性能、饲料报酬和均匀度等。

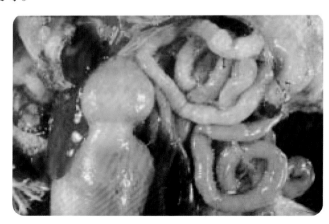

呼肠孤病毒引起的鸡肠道和肌胃、腺胃病变

病毒引起的肠炎水便

4. 霉菌毒素

饲料中霉菌毒素含量过高，会导致肉鸡肠道疾病，损害内脏器官。如 T－2 毒素会腐蚀肠黏膜，损害绒毛细胞，并感染离散的隐窝上皮细胞。临床上 T－2 毒素中毒症状表现为肠道出血、坏死，肠道上皮细胞炎症，严重的肉鸡腺胃、肌胃黏膜糜烂坏死，大大影响生产性能。

霉菌毒素引起的肉鸡肝脏病变

霉菌毒素引起的肉鸡肌胃、腺胃病变

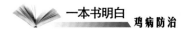

（三）饲养管理因素

饲养管理也是影响肉鸡肠道健康的重要因素，包括垫料管理、饮水管理、应激等。

1. 垫料

如果垫料水分含量过高或者表面板结，很可能引起肉鸡肠炎、球虫病、菌群失衡。

好坏垫料的比较结果

项目	好垫料	坏垫料
面积	占鸡舍80%以上	最多占鸡舍20%
含水量	25%~35%	>45%
pH	<5 或者 >8	6~7
物理特性	易散开	板结、黏稠

2. 饮水

要保证肉鸡饮水纯净，饮水中矿物质、细菌等超标会影响肠道健康。

3. 应激

换料、调群、炎热、密度过大、疫苗接种等应激因素会改变肉鸡的肠道环境，损害肠道健康。研究表明，肉鸡在热应激条件下，不仅饮水量骤增，而且48小时后肠内膜表面会有明显的形态改变，包括绒毛高度的缩短和表面积的减少。

四、保证肉鸡肠道健康的措施

（一）使用谷物原粮和添加剂

肉鸡饲料中采用整粒谷物或者添加一定比例的谷物原粮（小麦、高粱等），可改善肉鸡消化道功能，使肉鸡肌胃的重量和容积显著增大。同时，饲喂整粒谷物可以促进腺胃胃酸分泌和肌胃运动，降低肌胃 pH，有害微生物（沙门菌、弯曲杆菌等）无法生存，从而维护了肠道正常菌群。

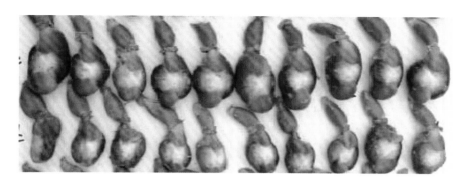

肉鸡 35 日龄饲喂整粒小麦（上）与饲喂正常日粮（下）肌胃、腺胃的对比

（二）在肉鸡饲料中添加益生菌、益生元、酸化剂、酶制剂等

1. 益生菌

益生菌又称微生态制剂，是微生物活菌。益生菌在肠道中可通过一种或多种途径对宿主健康起调控作用：促进有益菌增殖，抑制肠道有害菌增殖，降低 pH 和消化率，提高肠道免疫力和组织完整性等。如乳酸杆菌对鸡肠道上皮细胞有较强的吸附作用，可降低有害菌通过肠道侵害机体的几率，提高鸡的抗病力。

2. 益生元

益生元是一种选择性的发酵底物，在饲料中不能被消化（主要是可发酵糖类），可促进畜禽肠道内有益菌增殖，激活有益菌（如双歧杆菌、乳酸菌）的活性。

3. 酸化剂

酸化剂可保持畜禽肠道的完整性，降低肠道 pH 至 6 以下，从而减少肠壁致病菌（沙门菌、大肠杆菌等）的定植，促进正常微生物的繁殖。这种情况下，所有消化酶的活性都得到提高。日粮中使用丁酸等短链脂肪酸，可以使上皮细胞增殖，迅速修复肠道，增加绒毛高度，从而提高营养成分吸收率。

4. 酶制剂

肉鸡肠道健康受到损害后，内源酶的分泌受到抑制。日粮中添加蛋白酶、淀粉酶可以弥补内源酶的不足，而添加非淀粉多糖酶则能降低肠道内容物的黏稠度，因此，对于控制肉鸡饲料便有明显的效果。

5. 防霉剂和霉菌脱毒吸附剂

防霉剂对霉菌具有杀灭和抑制作用，常用的有丙酸及其盐类、富马酸二甲酯等。在饲料中加入霉菌脱毒吸附剂，可以吸附或者清除霉菌毒素，使毒素经过动物肠道不被吸收而排出体外，包括铝硅酸盐类、酵母硒等。在高温高湿季节，饲料霉变的风险增加，可适当加大防霉剂和脱霉剂的使用量，对于改善肉鸡肠道健康和控制饲料便有着积极作用。

（三）垫料管理

垫料要求松软、干燥、无污染，如果垫料的含水量太高或者表面板结，则会诱发肉鸡肠道疾病。

地面厚垫料平养

（四）饮水洁净

首先要确保肉鸡饮水洁净，定期检测饮水中细菌和矿物质含量，并采取必要的改进措施。如定期饮水消毒，冲刷水线；每天调整饮水线的高度，提供足够的饮水位置；每天检查水线，调整水压，严防水线漏水。

保持适宜的饮水线高度

（五）预防球虫病

在肉鸡生产过程中，环境卫生管理、饮水管理、垫料管理等要做到位，以减少球虫病发生的几率。由于球虫对一些药物会产生抗药性，离子载体球虫药与化学合成药物的联合使用，可有效预防和控制肉鸡球虫病。

（六）减少应激

在肉鸡应激阶段（如换料、转群、热应激、疫苗接种后）饲料便现象明显。因此，一定要减少对鸡群的应激，这要求有高质量的管理措施，给予鸡群最适宜的生存环境，如温度、湿度、通风、光照等严格按标准执行。对于转群、免疫、换料等不可避免的应激，要动作轻缓、时间适宜，同时在饲料或饮水中添加抗应激药物。

单元三
鸡场生物安全

单元提示

1. 消毒   2. 免疫

一、消毒

消毒就是采用物理方法、化学方法或生物方法，杀灭或清除养殖场中的病原微生物，减少环境污染，切断传播途径，达到防止疫病发生、蔓延，进而控制和消灭传染病的目的。消毒是鸡场生物安全最关键的环节之一，投入低、易操作、效果好，对任何疫病都有效。

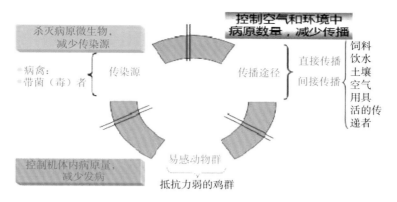

（一）选用消毒剂

1. 常用消毒剂种类及其特点

高效消毒剂能杀灭细菌芽孢在内的各种微生物。中效消毒剂能杀灭除细菌芽孢外的各种微生物。低效消毒剂只能杀灭抵抗力弱的微生物，不能杀灭细菌芽孢、真菌和结核杆菌，也不能杀灭抗力强的病毒和细菌繁殖体。

消毒剂

  醛类（甲醛、戊二醛等），作用于各种微生物（高效）

  烷基化类（环氧乙烷、环氧丙烷），作用于各种微生物（高效）

  氯化合物（漂白粉、次氯酸钙、二氯异氰尿酸钠），常用于水的消毒（中效）

  含碘化合物（聚维酮碘等），常用于皮肤、黏膜消毒（中效）

  酚类（酚、甲酚、来苏儿），常用于浸泡消毒和黏膜消毒（中效）

  醇类（乙醇、异丙醇），常用于皮肤和小器械消毒（中效，作用快）

  季铵盐类（新洁尔灭、安灭杀等），常用于皮肤和环境消毒（中效，作用快）

  酸类和脂类（乳酸、醋酸、水杨酸），常用于浸泡（低效）

  过氧化物类（过氧乙酸、过氧化氢），常用于黏膜和环境消毒（高效）

  碱类（火碱、生石灰），常用于环境消毒（高效）

  金属制剂（汞盐、铜盐、银制剂），常用于皮肤黏膜和防腐

  其他（高锰酸钾、染料类），常用于环境消毒（高效）

2. 选择适宜的消毒剂

每一种消毒剂都有自身特点，要根据消毒目的正确选择消毒剂，才能达到消毒的效果。

消毒剂对病原体的有效性

消毒剂类别	代表药物	消毒剂对病原体的有效性					
		细菌繁殖体	细菌芽孢	有囊膜病毒	无囊膜病毒	真菌（霉菌）	原虫或卵囊
酚类	复合煤焦油酸	＋＋	＋／－	＋＋	＋＋	＋＋	＋ 多种寄生虫卵
醛类	戊二醛	＋＋ 1~2分钟即可杀灭	＋ pH7.5~8.5时，杀灭芽孢效果好	＋＋	＋＋	＋＋	加速蛔虫胚胎化
碱类	火碱	＋＋	＋／－ 高浓度时有效	＋＋	＋	＋	
氧化剂类	过氧乙酸	＋＋	＋ 0.5%，10分钟	＋＋	＋＋	＋＋	＋
	二氧化氯	＋＋	＋	＋＋	＋＋	＋＋	＋／－
	过硫酸氢钾复合粉	＋＋	＋	＋＋	＋＋	＋＋	＋／－
卤素类	二氯异氰尿酸钠	＋	＋	＋＋	＋＋	＋	
	聚维酮碘	＋＋	＋ 需较高浓度、较长时间	＋＋	＋＋	＋＋	＋ 能杀灭寄生虫卵
	复合碘酸溶液	＋＋	＋	＋＋	＋＋	＋＋	＋
表面活性剂	癸甲溴胺溶液	＋＋	－	＋	＋／－	＋	

各类消毒剂的作用特点

消毒药	代表药物	有机物影响	温度影响	最适 pH	杀菌速度
酚类	复合煤焦油酸溶液	小	小	酸性	快，5 分钟
醛类	甲醛	小	大	碱性	慢
	戊二醛溶液	小	小	7.5~8.5	快，细菌繁殖体，1~2 分钟
碱类	火碱	大	大	碱性	快
过氧化物类	过氧乙酸溶液	大	小	酸性	快
卤素类	次氯酸钠	大	小	酸性	快
	二氯异氰脲酸钠	大	大	酸性	快
	聚维酮碘溶液	小	大	酸性	快
	复合碘酸溶液	小	小	酸性	快
季铵盐类	癸甲溴铵溶液	大	大	碱性	快

3. 鸡场常用消毒剂

（1）碘类消毒剂：碘类消毒剂主要有复合碘和碘伏，能杀灭大肠杆菌、金黄色葡萄球菌、鼠伤寒沙门菌、真菌、结合分枝杆菌及各种病毒。禽舍、器械的消毒，1:（100~300）倍聚维酮碘水稀释液稀释后使用，或者 1:100 倍碘伏水稀释液稀释后使用。

（2）醛类消毒剂：醛类消毒剂可杀死细菌芽孢、真菌和病毒。常用的福尔马林，是含 36%~40% 甲醛的水溶液。规模化鸡场常用戊二醛类消毒剂"安灭杀"，地面消毒采用其 1:300 倍水稀释液。

（3）碱类消毒剂：包括氢氧化钠、氢氧化钾、石灰等碱类物质。2%~4% 氢氧化钠溶液（火碱）可杀灭病毒和繁殖型细菌，可用于喷洒或洗刷消毒鸡舍、仓库、墙壁、工作间、鸡场或鸡舍入口处等。

（4）过硫酸氢钾复合物：本品加水，经链式反应连续产生次氯酸、新生态氧，可氧化和氯化病原体。市场上常用的是卫可，带鸡喷雾消毒时，每 15 千克水配 60 克卫可，可喷雾 500 米² 的鸡舍。

（5）季铵盐类消毒剂：常用的拜安，属双季铵盐类，是广谱性环境消毒液，能快速、高效杀灭病毒、细菌芽孢，1∶1 000 倍水稀释液用于带鸡消毒。百毒杀含 10% 的癸甲溴铵，也是双链季铵盐化合物，1∶200 倍水稀释液用于疫病感染后消毒，1∶600 倍水稀释液用于定期预防消毒。

（6）含氯消毒剂：含氯消毒剂溶于水，能产生杀菌作用的活性次氯酸，包括有机含氯消毒剂和无机含氯消毒剂。

无机氯和有机氯消毒剂比较

项目	无机氯消毒剂	有机氯消毒剂
品种	漂白粉、漂白精、三合二、次氯酸钠、二氧化氯等	二氯异氰尿酸钠、三氯异氰尿酸钠、二氯海因、溴氯海因、氯胺 T、氯胺 B、氯胺 C 等
主要成分	次氯酸盐为主	氯胺类为主
杀菌作用	杀菌作用较快	杀菌作用较慢
稳定性	性质不稳定	性质稳定

4. 鸡场消毒推荐方案

根据消毒的区域、季节、物品等选择不同的消毒剂，用于鸡场消毒。

常用消毒剂使用范围

分类	使用器具	容量/用量	消毒剂名称	使用比例	备注
门卫	门口消毒池	1 米³	火碱	4∶100	常温下使用
			农福	1∶400	低温下使用
	车辆消毒间	60 千克	农福	1∶400	冬季加温设备
	喷淋消毒间	50 千克	安灭杀	1∶2 000	气雾消毒
	熏蒸柜	1 米³	高锰酸钾/甲醛	3 倍量	进场物品
	衣服浸泡桶	50 千克	安灭杀	1∶2 000	场外工作服
饲料库	熏蒸缸	175 米³	高锰酸钾/甲醛	3 倍量	袋装料使用
垫料库	熏蒸缸	362 米³	高锰酸钾/甲醛	3 倍量	温度、湿度达标
洗衣房	浸泡池	100 千克	安灭杀	1∶2 000	
			威岛	1∶1 000	

（续表）

分类	使用器具	容量/用量	消毒剂名称	使用比例	备注
环境消毒	消毒桶	200 千克	农福	1:400	低温下使用
			威岛	1:800	交叉使用
			安灭杀	1:1 500	交叉使用
			火碱	3:100	地面喷洒
饮水消毒	加药器		过氧化氯 A+B	1:150 000	长期
			卫可	1:1 000	针对病毒
浸泡水线	加药器	250 千克	威岛	1:1 000	250 克
			净水康	1:1 000	250 克
鸡舍	脚踏消毒盆	10 千克	火碱	4:100	常温
			农福	1:400	四季
	洗手盆	3 千克	安灭杀	1:1 000	
			威岛	1:1 000	
	小喷壶	1 千克	安灭杀	1:1 000	
			酒精	75%	
带鸡消毒	消毒桶	100 千克	安灭杀	1:1 000	
			拜安	1:800	交叉使用
			拜洁	1:1 000	
			卫克	1:1 000	

（二）人员消毒

鸡场谢绝外来人员参观，进场人员必须遵守生物安全规定。

　　人员进场消毒程序：隔离 48 小时——门口取钥匙——进门踏火碱盆——外更衣间脱去衣服——温水冲淋全身——用清水冲洗——用洗发液、香皂将全身充分冲洗，至少 15 分钟——更换场内消毒的工作服——入场。

　　进入鸡舍消毒流程：进入生产区，鞋底消毒——进入鸡舍，踏消毒盆——全身喷雾消毒——手消毒——更换舍内专用工作服——进入鸡舍。

为了防止交叉污染，养殖场要严格区分净污区，并设置明显标识和消毒设备。

（三）物品、车辆消毒

1. 物品消毒

场内员工携带物品入场时要登记，经紫外线或甲醛熏蒸消毒后入场。熏蒸间（柜）要求密封，保持25℃以上，湿度不低于80%，熏蒸不少于30分钟，确保消毒效果；紫外线照射不少于1小时。

小件物品消毒柜

2. 车辆消毒

饲料车、稻壳车等入场前做好入场登记，经喷雾消毒后方可入场。车辆消毒池长度不少于10米，消毒液深度大于15厘米。车辆要求冲洗干净后再喷雾消毒，要求全部都能喷到。

封闭式消毒通道

3. 大宗原料消毒

稻壳是鸡场常用的大宗原料，往往含有大量的细菌和病毒，需要消毒。稻壳过筛去掉灰尘、小分子杂质等，用硫酸铜喷洒消毒，装袋放置 2~3 天，检测合格后再使用。

自制稻壳过筛机

稻壳过筛＋消毒机

（四）鸡场环境消毒

鸡场要干净整洁，无高大树木，无杂草或者不高于 5 厘米，场内无污水和稻壳粪存在，场区禁止饲养猪、猫等动物。

场内路面每天喷洒消毒（4% 火碱全部水溶解后喷洒，冬季使用 0.25% 农福溶液），整个场区水泥路面要全部均匀喷湿。大风、大雨过后，要对禽舍和周围环境严格消毒 1 次。场区喷雾消毒每周至少 2 次，每年 5～9 月用 4% 火碱或 1:800 威岛消毒，每年 10 月至翌年 4 月用 0.25% 农福溶液消毒。

场区污区消毒：4% 火碱全部水溶解后喷洒消毒，整个污区路面要全部洒湿，脚踏消毒盆必须使用 4% 火碱或农福。

> **提示** 所有仓库、宿舍等附属建筑物每周用甲醛熏蒸消毒，无法熏蒸的使用季铵盐类消毒剂喷雾消毒。

（五）带鸡消毒

选择氯制剂、季铵盐类、碘制剂等，交叉使用。根据各种消毒剂的使用要求配制并充分搅拌均匀，用 25～45℃ 的温水稀释。消毒通常在中午进行。育雏阶段每周消毒 2 次，育成阶段每周消毒 3 次，周围有疫情或鸡群健康不佳时每天消毒 1～2 次。活苗免疫时，前 24 小时至后 48 小时避免带鸡消毒。

喷雾装置的鸡舍，喷雾时关闭门窗、风机，消毒后 10 分钟打开（夏季炎热天气例外）。无喷雾装置的鸡舍，用人力喷雾器消毒，风机关到最小为好。雾粒直径控制在 80～120 微米。喷头距鸡背 80 厘米以上，喷头朝上，严禁朝向鸡体。喷雾量为 15 毫升/立方米消毒液。要对舍内各部位及设施均匀喷洒，不留死角。冬季喷雾前应先提高舍温 3～4℃。

（六）空舍消毒

空舍期鸡舍的消毒工作，主要分为整理、冲洗和消毒三步。

1. 鸡舍和场区的清理工作

拆除或移走舍内所有设备和物品，包括饲料、工具等，在指定地点清洗、消毒；禽舍内外彻底冲洗干净，再清理舍外的腐蚀土和垃圾、废弃物品，运到场外处理；对厕所和下水道进行清理。

2. 冲洗工作

对清理好的鸡舍洒水，浸泡地面 12 小时。鸡舍冲洗按照从上到下、由里至外的顺序进行，即顶篷——墙壁——设备——网床或笼具——地面。鸡舍里面清洗好后，再清洗外墙和屋顶。用高压水枪对设备和物品进行冲洗，冲洗前要浸泡 20～30 分钟，冲洗完毕后存放，准备最后统一消毒。

3. 消毒工作

（1）空舍消毒：鸡舍冲洗并干燥后，再用 1∶400 农福彻底喷洒一次。然后开启风机，尽快使鸡舍干燥。对地面缝隙用石灰和火碱涂抹。鸡舍以外的房间冲洗干净后，再用发泡消毒剂彻底消毒一次，要自上而下喷洒，保证墙壁、地面和屋顶等都要喷到。

（2）鸡舍第二次消毒：待鸡舍安装设备后，对墙壁、角铁、地面和棚架等处进行火焰消毒。稻壳用 5% 甲醛 + 5% 硫酸铜喷洒消毒，装入塑料袋中封闭 24 小时，检测合格后再运进鸡舍使用。

（3）鸡舍的第三次消毒：所有物品都入鸡舍，密封，按 3 倍量甲醛熏蒸，封闭 3 天；鸡舍外墙和屋顶用 20% 石灰水消毒。

（4）饮水系统消毒：尽可能清除水箱、水管内的污物，水线水管浸泡消毒不少于 12 小时，浸泡后用清水冲洗干净。

鸡舍熏蒸消毒

熏蒸消毒设备

鸡舍雾化消毒效果

（七）消毒评估

消毒完毕的鸡舍，需要化验室人员对消毒效果进行检测，检测合格后方可进鸡。

鸡舍空气检测标准

分级	细菌数（CFU/米^3）	空气污染程度	评价
1	60 以下	清洁	安全
2	60～100	中度清洁	较安全
3	100～140	低度清洁	严加注意
4	140～200	高度污染	重新消毒
5	200 以上	严重污染	重新清洗消毒

二、免疫

免疫是家禽生物安全体系的重要组成部分。通过有效的疫苗免疫，可保证家禽拥有高水平、针对性、持久性免疫抗体，增加机体的抗病力。

（一）疫苗

1. 疫苗的种类及其特点

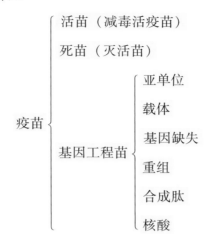

活苗和死苗的分析对比

项目	活苗	死苗
免疫方法	喷水、喷雾、滴鼻、点眼等	肌肉注射
佐剂	多不用	需要
体内抗体	母源抗体有影响	母源抗体影响小
联合应用	可能有干扰	干扰较小
产生免疫力	快	慢
免疫保护	持续时间短	持续时间较长
副作用	疫苗返强危险	佐剂、灭活剂
	疫苗污染可能	难吸收
	免疫反应常见	注射应激
局部免疫	强	再次免疫，可刺激产生局部免疫
种类	天然弱毒苗	灭活苗
	减活弱毒苗	合成肽苗
	载体苗	亚单位苗
	基因缺失苗	重组苗
	核酸苗	抗独特型抗体苗
环境污染	一旦使用，环境中长期存在	无环境污染

2. 免疫后产生抗体机理

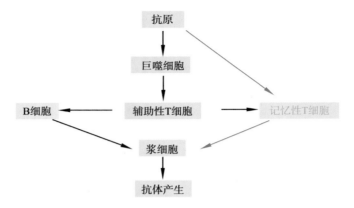

3. 免疫次数

疫苗需要基础免疫和二次免疫才会产生较好的保护抗体，免疫一次不能有效阻止疫病发生。

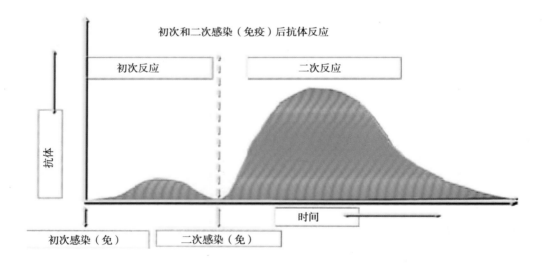

4. 疫苗的保存

灭活佐剂苗在 2~8℃条件下保存，冻干弱毒苗在 −15℃条件下保存，取出后加冰袋。油苗只能冷藏，以防结冰，结冰的油苗禁止使用。开封后的活苗 2 小时内要用完，油苗开封暂时未用完，可用酒精棉球擦拭疫苗瓶口，2~8℃保存，24 小时内用完。

（二）免疫方法

常用的家禽免疫方法有滴鼻、点眼和滴口，翼翅刺种，颈部皮下注射，胸部肌肉注射，饮水免疫和喷雾免疫等。

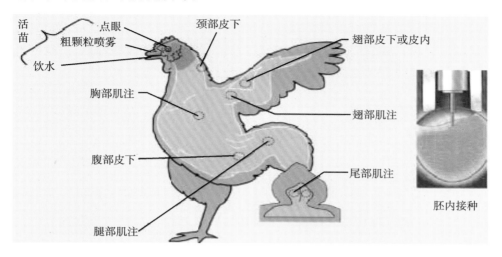

1. 滴鼻、点眼、滴口

适用于部分活苗的免疫。

（1）配制疫苗：用专用针管抽取适量稀释液或蒸馏水、生理盐水，注入疫苗瓶内，充分摇晃，将疫苗溶解。然后抽出溶解的疫苗，注入稀释瓶内。重复以上动作3次后，打开疫苗瓶，再冲洗3次，将该疫苗瓶放进专用消毒桶内。配制好的疫苗在1小时内用完。要求由生产主管操作配制，根据免疫速度决定疫苗配制量，尽量减少浪费。

（2）操作要点：滴瓶排气形成负压，始终向下，距眼、鼻、口1厘米高度，待吸收后解除保定。将滴瓶排出空气后倒置，滴入鸡一侧的鼻孔、眼或口中。注意滴管要垂直于鸡鼻孔、眼睛、口的上部，保证有一滴充盈的疫苗滴落，待鸡完全吸入后放开。滴口时轻轻压迫鸡喉部，使嘴张开，滴头不能接触眼、口。

疫苗滴眼操作

（3）注意事项：使用专用的稀释液或用生理盐水、蒸馏水稀释疫苗。滴眼时，鸡眨2~3次眼或疫苗吸收后再放开。滴鼻时堵住一侧鼻孔（特别小鸡）。滴口时，注意滴瓶口距鸡口高度1厘米，防止剂量过大。免疫前疫苗瓶要排空，避免出现气泡。免疫后的疫苗瓶，由主管消毒后统一处理。

（4）免疫效果：点眼、滴鼻、滴口后，会看到鸡只的舌头呈现稀释液的颜色，否则，重免。

2. 注射免疫

胸肌注射，在龙骨外侧胸部前1/3处。翅肌注射，在翅膀靠近肩部无毛处的翼下内侧肌肉处。皮下注射，在颈部下1/3处。

（1）准备工作：准备好连续注射器、针头、疫苗。

（2）注射方法：胸肌注射，保定者一手抓两翅，一手抓大腿，注射者从胸肌最肥厚（即胸大肌）上1/3处30°~45°角斜向进针，防止误入肝脏及腹腔，致鸡死亡。颈部皮下注射，首先将鸡保定好，提起脑后颈中下部，使皮下出现一个空囊，顺皮下朝颈根方向平行颈部刺入针头。注意避开神经肌肉和骨骼、头部及躯干，防止误伤。

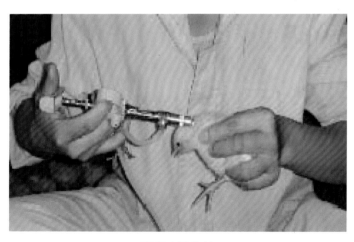

颈部皮下注射

胸肌注射

（3）注意事项：免疫前检查每个针头，确保没有倒刺，防止伤鸡。免疫 300 ～ 500 只鸡更换一次针头。

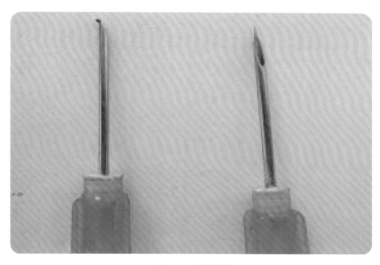

左侧针头有倒刺

小鸡颈部免疫容易出现漏免，必须认真操作。免疫后，使用高压蒸汽或水煮消毒注射器。抓鸡时，一次性完成抓、放程序。疫苗由主管分发，不得私自分发疫苗。严格控制免疫的速度，保证免疫质量。免疫前 30 分钟使油苗回温到 30 ～ 35℃。

> **提示**　皮下注射时，避开颈部神经，否则鸡会出现歪头。胸肌注射时，避开内脏、血管、腹腔，否则鸡会死亡。腿肌注射时，避开坐骨神经，否则鸡会出现瘸腿。

（4）免疫效果：免疫后，观察颈部羽毛是否被疫苗打湿，是否出血，拨开羽毛，看注射位置是否正确。腿肌注射后 1～3 天，观察鸡是否出现瘸腿。

3. 气雾免疫

利用专用喷雾设备，使稀释疫苗形成一定大小的雾滴，鸡吸入后，附着在呼吸道黏膜上，产生局部免疫力，引起全身性的免疫应答，建立第一道免疫屏障。

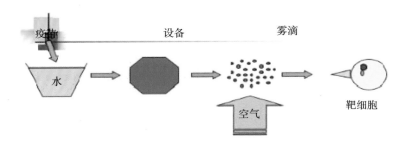

将活苗溶于水里，通过喷雾接种到鸡的靶细胞

（1）免疫操作：根据免疫程序或说明配制好疫苗，提前半小时关灯。鸡舍加湿，免疫前 3～5 分钟关闭门窗、通风系统，待气流稳定后开始喷雾。操作人员手持喷枪，在舍内缓慢匀速前进，喷头位于鸡头上部 30～50 厘米处。免疫 15 分钟后正常通风。

（2）注意事项：免疫前准备好喷雾器和电线。喷雾器加开水消毒，根据鸡只周龄确定喷雾雾滴大小。检查线路是否通畅、完好，插头插座是否合适。

使用者必须熟悉设备的操作，喷雾过程中随时关注喷雾质量，发现问题或故障立即停止操作，进行校正和维修。喷雾结束后，将喷雾器清洗干净，干燥包装保存。

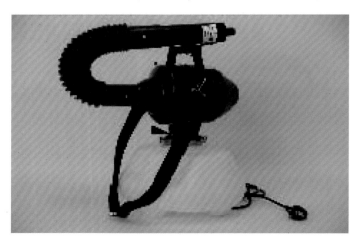

气雾免疫设备

喷雾免疫效果与雾滴大小密切相关。雾滴过于细小，往往引起鸡呼吸道的不良反应。为了减小疫苗反应，同时保证免疫效果，一般4周龄以下雏鸡群选用100～200微米的大雾滴，4周龄以上鸡群选用50～100微米的小雾滴，雾滴消失时间与空气相对湿度成正相关。

20℃时雾滴消失的时间 （单位：秒）

雾滴大小（微米）	空气相对湿度		
	50%	75%	95%
20	1	1.7	10
50	5	10	92
100	20	41	250

喷雾免疫时适宜气温为15～25℃，相对湿度在70%以上。如果在气温高于25℃时喷雾免疫，则要先提高相对湿度。

注意人员安全，要面戴防护罩。免疫后，每天晚上听鸡群呼吸情况，一旦出现呼吸道问题，及时采取措施。

提示 出现免疫反应的原因：雾滴太细，相对湿度过低（75%），舍内灰尘太多；气温过高（＞22℃）；疫苗分布不均匀；免疫抑制（存在鸡传贫病毒、呼肠孤病毒）。

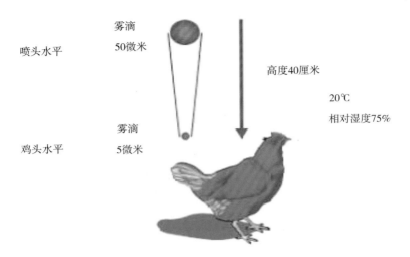

喷头水平　　雾滴 50微米

高度40厘米

20℃

相对湿度75%

鸡头水平　　雾滴 5微米

喷雾免疫正确操作示意图

4. 刺种免疫

在鸡翅下无血管处，用专用接种针刺种鸡痘、禽脑脊髓炎以及新城疫Ⅰ系等疫苗。

（1）接种方法：配制好的疫苗分到专用小瓶，深度 1～2 厘米，以便浸过刺种针，同时避免免疫时间过长，效价降低过快。左手抓住鸡的一侧翅膀，右手持刺种针，从翅膀内侧翼部三角区处向外刺穿翼膜。避开血管，避免羽毛污染刺种针。不能将刺种针从翅膀外向内面刺种，以免刺伤胸壁。每次刺种前，都要将刺种针在疫苗瓶中蘸一下，并经常检查疫苗瓶中疫苗液的深度，随时添加疫苗。刺种过程中勿将疫苗溅出，也不要触及鸡只接种以外的部位。

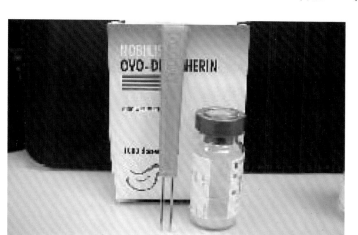

（2）注意事项：疫苗必须用专用带染色的稀释液配制。种鸡免疫用双针，免疫前要调整双针针槽平行同向。由于整个手掌握持疫苗瓶温度较高，疫苗效价下降较快，故给操作人员分发的疫苗不要过多。隔段时间要收集各操作人员手中残余疫苗，集中给 2 ~ 3 人使用，超过一定时限立即倒掉。

（3）免疫效果：免疫 5 ~ 7 天后观察刺种处有无红色小肿块，若有则表示免疫成功；若无则表明免疫无效，应补充免疫。

5. 球虫免疫

（1）球虫疫苗拌料：将疫苗按照比例用蒸馏水稀释，用专用喷雾器均匀喷洒到饲料上。喷洒过程中不断翻动饲料，保证疫苗分布均匀。根据各栏鸡数称料添加疫苗。

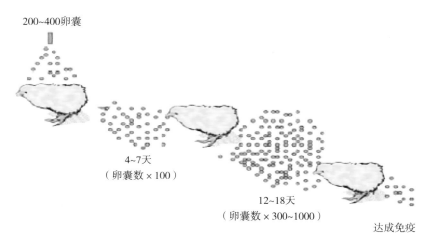

疫苗拌料要均匀

（2）注意事项：喷洒疫苗时注意均匀，来回翻动。加料前鸡空料 1~2 小时，加料后使鸡群分布均匀。免疫后控制好垫料湿度，防止过干或过湿。控制好料量，确保一次性吃完。扩栏及转群时，要将旧垫料撒在新的垫料上面。

（3）免疫反应控制及治疗：免疫后 7 天为一个反应周期，每天早上必须仔细观察是否有血便。第一个反应期使用氨丙琳 0.5 倍量饮水，两天即可。第二个反应期使用 125×10^{-6} 氨丙林饮水两天，若发现死鸡或不吃料鸡只，马上投抗球虫药物及维生素 A、维生素 K_3、青霉素，更换部分垫料。第三个反应期根据实际情况用药。

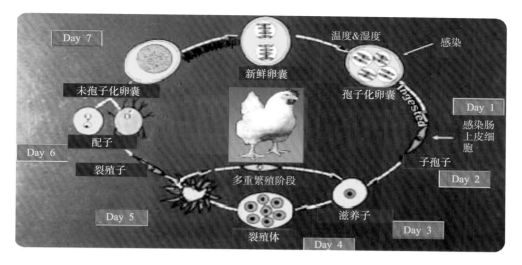

球虫的生活周期

（三）免疫原则

1. 检查疫苗质量

接种前检查疫苗质量，若有以下情形之一者，应弃之不用。没有标签，无羽份，无有效期或不清楚者；疫苗瓶破裂或瓶塞松动者；生物制品质量与说明书不符，如变色，瓶内有异物或已发霉者；过了有效期者；未按产品说明和规定进行保存者。

2. 器械消毒

疫苗接种用注射器、针头、镊子、滴管、稀释瓶要事先清洗，并用沸水煮 15～30 分钟消毒，切不可用消毒药；注射一栏鸡后，一定要更换新的针头。

3. 鸡群状况

有病或不健康鸡群不宜接种；在恶劣气候条件下也不应该接种；免疫接种前后加强饲养管理，让鸡群饮用多维，以减少应激。

（四）免疫准备

1. 滴鼻、点眼、滴口、注射免疫准备

先清洗滴瓶、滴头、针头、针管，并用沸水煮 15～30 分钟，不可用消毒药消毒。消毒所需工具，有隔网、篷布、垫脚袋、手电等。制订免疫计划，确定每日免疫鸡只数量。按照实际免疫数量，分配当日所需的疫苗剂量。培训免疫操作人员，合理分工，明确各岗位人员的具体责任（免疫人员、看鸡人员、巡视人员、疫苗配

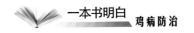

置管理员等）。所有免疫人员全身消毒后，方可进入鸡舍。

2. 气雾免疫准备

（1）鸡舍的条件准备：保持鸡舍密闭，关闭风机，不与外界对流，形成均匀雾化环境。尽可能遮光，在喷雾操作时关灯，减少对鸡的应激。考虑喷雾时需较长时间关闭风机，可能造成鸡舍内气温上升，所以夏季应在凉爽时段进行。鸡舍内保持一定的湿度，以不起粉尘为准，否则，喷雾免疫只能起到降尘的作用，而达不到免疫的目的。

（2）喷雾器具准备：接通喷雾器电源前，把控制开关置于"关"的位置。电缆长度要与鸡舍长度相符，且接好不漏电的插头、插座。

（3）疫苗准备：根据鸡只数多准备10%疫苗，因为喷雾时会浪费一些。一般采用新配制的蒸馏水疫苗稀释液，用量为600毫升/1 000只鸡。

单元四
病毒性疾病

单元提示

1. 禽流感
2. 鸡新城疫
3. 鸡传染性支气管炎
4. 鸡传染性喉气管炎
5. 鸡传染性法氏囊病
6. 鸡马立克病
7. 禽白血病
8. 禽脑脊髓炎

一、禽流感

根据对鸡群危害程度，禽流感病毒（AIV）分为高致病性和低致病性两种。高致病性 AIV 可引起鸡群大量死亡，低致病性 AIV 只引起少量鸡死亡或不死亡，表现为生长障碍和产蛋率下降。高致病性禽流感因传播快、危害大，被世界动物卫生组织列为 A 类动物疫病。我国鸡群中，高致病性 AIV 以 H5N1 亚型为主，低致病性

AIV 以 H9N2 亚型为主。

（一）病原

A 型流感病毒表面有囊膜，病毒能凝集鸡的红细胞，能在鸡胚中生长。用病毒接种鸡胚尿囊腔，能引起鸡胚死亡。AIV 对去污剂比较敏感，病毒会在加热、极端 pH、非等渗和干燥等条件下失活。

（二）高致病性禽流感（HPAI）

1. 流行特点

本病以直接接触传播为主，被病鸡污染的环境、饲料和用具均为重要的传染源。肉种鸡、商品鸡感染后会很快发病，死亡率剧增。产蛋高峰期多发病，产蛋率由 90% 下降到 20% 以下。商品肉鸡 H5N1 临床发病相对较少，一旦在鸡 30 日龄前后感染，死亡率会迅速增加，迫使提前出栏。

2. 临床症状

病鸡精神沉郁，不食。鸡冠和肉垂水肿，发绀，边缘出现紫黑色坏死斑点。鸡腿部鳞片出血严重。产蛋鸡产蛋率迅速下降，褪色蛋、软壳蛋、畸形蛋明显增多。

鸡精神沉郁，鸡冠水肿

鸡冠、肉垂淤血坏死

鸡腿部鳞片出血

3. 病理变化

气管充血、出血；腺胃乳头出血，腺胃
与食道交接处有带状出血；胰腺出血、坏
死；盲肠淋巴滤泡出血、肿胀；直肠出血；
心脏、肝脏和脾脏出血；卵泡严重充血、
淤血。

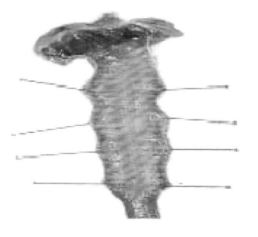

喉头、气管出血

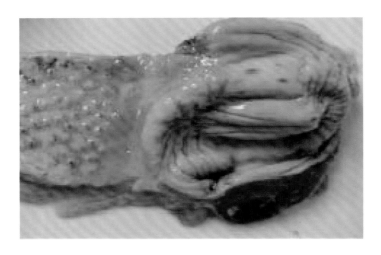

腺胃、肌胃出血

盲肠淋巴滤泡出血

胰腺出血、坏死

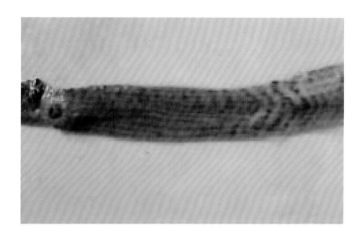

直肠出血

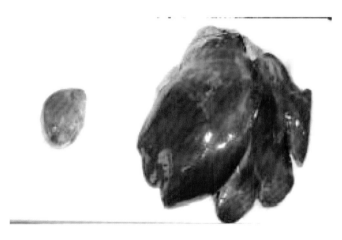

肝脏和脾脏出血、坏死

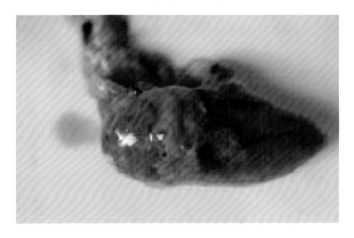

心脏出血

63

卵泡严重出血、淤血

（三）低致病性禽流感（LPAI）

1. 流行特点

处于产蛋高峰期的鸡多发，可造成产蛋率下降 5%～20%，死淘率低，有轻微的呼吸道症状。大部分商品肉鸡在 18～25 天发病，一旦感染会造成鸡群抵抗力下降，后期鸡群常伴有大肠杆菌继发感染，死淘率增加。

> **提示** 控制好环境因素，避免以下情况：温度过低或忽高忽低；湿度过低；通风不良，舍内氨气浓度过高；通风量过大或突然通风。天气突变，如大风、寒流、雾霾、沙尘等时更需注意。

2. 临床症状

以呼吸道症状为主，鸡精神沉郁，肿脸、流泪。

精神沉郁，肿脸、流泪

3. 病理变化

病变呈多样性，如严重的气囊炎、气管栓塞等。常见商品鸡气管出血，胰腺出血，支气管栓塞，心肌出血；肉种鸡卵泡充血、淤血，输卵管和子宫内有分泌物。

气管出血

胰腺出血

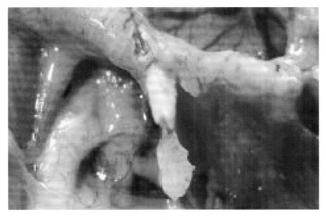

支气管栓塞

心肌出血

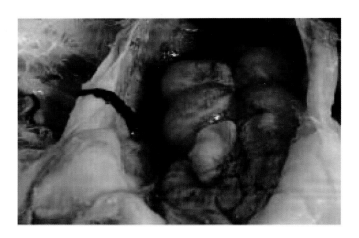

卵泡充血、淤血

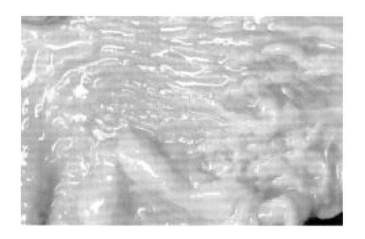

输卵管内分泌物

4. 诊断

根据临床症状和病理变化可作出初步诊断，确诊作病毒的分离鉴定和血清学试验。病毒分离阳性者再用禽流感定型血清作 HI 试验，以确定病毒的血清亚型。

5. 防治措施

鸡场必须建立完善的生物安全措施，严防禽流感病毒的传入。一旦发生高致病性禽流感，应严格采取扑杀措施。封锁疫区，严格消毒。低致病性禽流感可采取隔离、消毒与治疗相结合的治疗措施。

H9N2 的对症治疗：采用抗病毒药物如金丝桃素饮水，连用 4～5 天，同时伴以黄芪多糖，增强机体抗病力。采用中药如大青叶、板蓝根、黄连、黄芪等，粉碎拌料或煎汁。采用抗菌药物如环丙沙星、氧氟沙星、安普霉素、头孢噻呋、黏杆菌素，防止继发感染。

6. 疫苗免疫

目前禽流感疫苗多以联苗为主，可减少免疫接种次数，降低鸡群免疫应激，要保证对重点疫病（新城疫和禽流感）的免疫。对商品雏鸡的免疫接种，由于接种剂量较小，可考虑使用新城疫与禽流感 H9 的联苗。商品肉鸡饲养期很短，通过生物安全措施可以控制，非疫区则不一定要接种 H5 亚型禽流感疫苗。确实需免疫 H5 疫苗时，可在鸡 10 日龄接种一次。饲养期较长的种鸡，在第一次免疫接种后，每隔 2～3 个月再接种一次。20 日龄以内雏鸡接种量为成鸡的 1/2，一般为 0.25～0.3 毫升。

> **提示**　最好了解当地或本场受禽流感威胁的是哪一个血清亚型，在不了解时可选择 H5＋H9 或其他必要亚型的二价、多价灭活疫苗。使用单价疫苗对某一相同亚型禽流感的保护作用，会优于多价疫苗。

免疫效果的监测和评估：同样的抗体滴度，在雏禽与种禽之间、健康群与有病群之间保护效果不尽相同，应结合本场实际情况、近期疫病流行情况、季节和气温、免疫接种次数等综合分析。临床多采用血凝抑制试验（HI）检测免疫鸡血清抗体，一般 HI 抗体效价最少在 1∶128 以上，并注意抗体的均匀度。如抗体的均匀

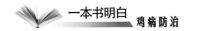

度太差，则表明鸡群免疫效果差或已有潜在的病毒感染。

禽流感 H9N2 亚型无处不在，高母源抗体对后代雏鸡的保护还是有益的。商品肉鸡的疫苗注射时间，应依据母源抗体的高低设定。母源抗体通常可达1：256以上，因此，疫苗注射最好在鸡 7～10 日龄时。商品肉鸡只免一次即可，主要是为了保护25 天以后不受感染，而 15 天前则依靠母源抗体保护。

二、鸡新城疫

新城疫（ND）是由新城疫病毒（NDV）引起的高度接触性、传染性疾病。

（一）病原

NDV 只有一个血清型，但单克隆抗体检测证明，不同 NDV 毒株间存在微弱的抗原差异。鸡是 NDV 最适合的实验动物和自然宿主。NDV 在室温条件下可存活 1 周左右，一般消毒药对 NDV 有杀灭作用。NDV 可凝集禽类及小鼠、豚鼠的红细胞。

（二）流行特点

病鸡和隐性感染鸡是主要传染源，可通过呼吸道和直接接触传染。近些年，临床以非典型新城疫多见。鸡群因免疫失败，也会发生典型新城疫。目前 NDV 主要发生于 3 个年龄段：18～25 日龄仔鸡，表现症状较典型，死亡率较高和有神经症状；40～60 日龄育成初始鸡群，表现同仔鸡，神经症状更明显，死亡率在 15%～30%；产蛋高峰鸡，无明显临床症状，主要是产蛋率下降，需要多剖检才能确诊ND。发病后 7～10 天，实验室检测 HI 抗体 13 log2 或以上有诊断意义。

（三）临床症状

雏鸡（20～40 日龄）最初以呼吸道症状为主，死亡渐多，生长缓慢，后期出现神经症状。如发生典型新城疫，病鸡精神差，病程短，死亡率高。

种鸡常在 150～300 日龄发病，多表现非典型症状。最初可见鸡呼吸困难，有啰音；排绿色稀粪，采食量下降，3 天后开始产蛋率下降，7～10 天产蛋率下降20%～40%；蛋壳质量变差，合格种蛋减少；受精率、出雏率降低，雏鸡 ND 抗体滴度参差不齐。整个病程持续 40～60 天，康复后的个别鸡伴有神经症状后遗症，表现歪头、扭脖或观星状等。

呼吸困难

排绿色稀粪

表现歪头、扭脖等神经症状

蛋壳质量变差

（四）病理变化

食道和腺胃交界处常有出血带或出血斑点，腺胃黏膜水肿，乳头及乳头间有出血点，整个肠道充血或严重出血，肠淋巴滤泡肿胀，常突出于黏膜表面。剖检，可见出血的溃疡灶，盲肠扁桃体肿大、坏死。

腺胃乳头及乳头间有出血点

肠道充血或严重出血

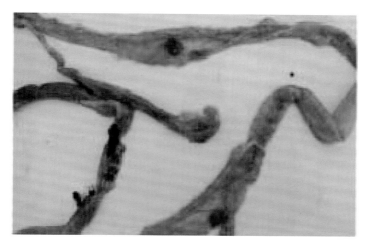

肠淋巴滤泡肿胀、出血

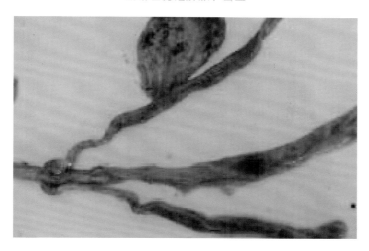

盲肠扁桃体肿大、坏死

（五）诊断

根据临床症状、流行特点和剖检变化可作出初步诊断。通过血清学实验，检测抗体的均匀度，比较发病前后 10～14 天血清的新城疫抗体效价，以及病毒的分离鉴定和 RT－PCR 方法，确定诊断。

（六）防治措施

免疫程序推荐：鸡 7～9 日龄，NDClone30 滴鼻、点眼，同时 ND 油苗颈部皮下注射；鸡 3 周龄，NDⅣ系喷雾或饮水；鸡 8 周龄，NDⅣ系喷雾或饮水，同时 ND 油苗胸部肌肉注射；鸡 13 周龄，NDⅣ系喷雾或饮水；鸡 18 周龄，NDⅣ系喷雾或饮水，ND 油苗胸部肌肉注射。进入产蛋期后，每 6～8 周 ND 活苗喷雾或饮水加强免

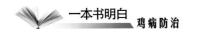
疫一次，每 3~4 个月用 ND 油苗肌肉注射加强免疫一次。商品肉鸡只需在 7 日龄、21 日龄免疫两次即可。

> **提示** 流行病学监测表明，国内 NDV 流行株优势基因型为 VII 型，所有基因型均属于一个血清型。尽管 NDV 流行株 1~2 个中和性抗原表位有变异，但用现有疫苗（LaSota）临床保护，依然安全有效。

免疫注意事项：雏鸡 6 周龄前尽管使用过灭活苗和活苗，但抗体水平不高，因此，要做好生物安全防护措施。产蛋期抗体在 1∶256 以下的个体比例不能超过 20%，否则，需要再免疫。若抗体良好，但产蛋率下降每批都出现时，可考虑产蛋前加免一次 I 系活苗。商品鸡连续两批发生新城疫，考虑更换疫苗和程序，最好根据抗体检测结果及时调整免疫时间。一般商品肉鸡 HI 抗体效价最少在 1∶64 以上，种鸡在 1∶256 以上，并注意抗体的均匀度。

免疫失败的原因：免疫抗体水平不一，强毒侵入；活毒苗免疫后的空白期防护不当；免疫抗体过低（雏鸡 < 4 log2，蛋鸡 < 9 log2）；免疫方法不当，免疫人员不专业等。

> **提示** 一旦鸡群发病，要紧急免疫接种，淘汰病弱鸡。适当使用抗生素和抗病毒药，以防继发感染。

三、鸡传染性支气管炎

鸡传染性支气管炎（IB）是一种急性、接触性传染病，临床可以分为呼吸道型、肾型、肠型和肌肉型等，以呼吸道型和肾型最为常见。

（一）病原

病原是冠状病毒科、冠状病毒属的传染性支气管炎病毒（IBV）。IBV 有几十种不同的血清型。IBV 可在 9~11 日龄鸡胚内、器官培养的鸡胚气管上皮以及鸡胚成纤维上皮细胞中生长。IBV 能干扰鸡新城疫病毒在雏鸡、鸡胚和鸡胚肾细胞培养物内的复制，而脑脊髓炎病毒又能干扰 IBV 在鸡胚内的复制。IBV 对热及常用消毒剂比较敏感。

（二）流行特点

本病只发生于鸡，通过直接或间接接触传染，病原主要经空气传播。过热、过冷、拥挤、潮湿、通风不良等因素，会增加鸡对本病的易感性。

> 提示　2～6 周龄肉鸡最易感染肾型 IB。

（三）临床症状

雏鸡表现突然发病，传染迅速。雏鸡有明显的呼吸道症状，流泪，流鼻液、喘气，呼吸困难，气管啰音，咳嗽，为排出滞留在气管中的黏液而频频甩头。肉种鸡产蛋率迅速下降，出现软壳蛋和畸形蛋。由于母液抗体对传染性支气管炎病毒早期感染保护较差，两周内感染会造成永久性输卵管破坏，形成以后的"假母鸡"。种鸡产蛋期感染本病，产蛋率至少需 8 周才会恢复，但恢复不到先前的水平。

肉仔鸡感染肾型 IBV 时排白色稀粪，泄殖腔内充满白色尿酸盐。机体严重脱水，鸡爪干燥，皮肤难与肌肉剥离，死亡率常高达 20%～30%。

喘气，呼吸困难

软壳蛋和畸形蛋

严重脱水，鸡爪干燥

腹部膨大的"假母鸡"

（四）病理变化

呼吸型 IB 病理变化，表现为气管下 1/3 处黏膜充血、水肿，有黏液；支气管内或与支气管交界处有干酪样物阻塞，气囊混浊。育雏期感染呼吸道型传染性支气管炎的种鸡输卵管发育受阻，变细、变短或呈囊状，失去正常功能。肉种鸡卵巢变形，输卵管子宫部水肿，有干酪样物。

肉鸡发生肾型 IB 时表现为花斑肾，肾脏肿大，肾和输尿管有尿酸盐沉积，输尿管变粗，内有白色尿酸盐，严重者心脏、肝脏也有尿酸盐沉积。

（五）诊断

根据肾脏病变，可对肾型 IB 作出初步诊断。确诊须采用鸡胚或气管环组织培养，进行病毒的分离鉴定；或采用分子生物学诊断方法，如 RT – PCR、核酸探针等。

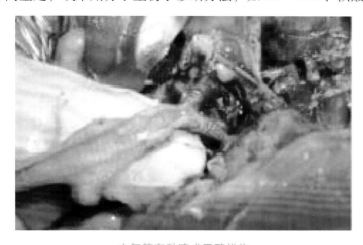

支气管有黏液或干酪样物

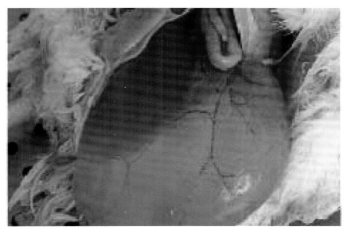

输卵管内大量积水

输卵管变细、变短，呈囊状，卵巢变形

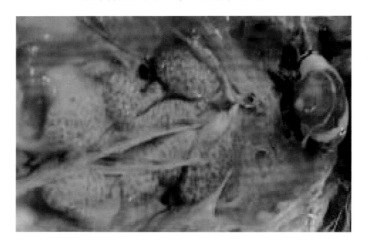

肾脏肿大、尿酸盐沉积

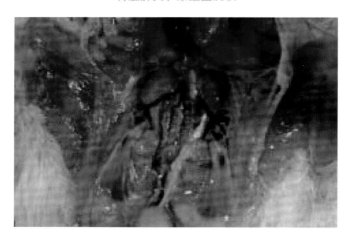

输尿管内有白色尿酸盐

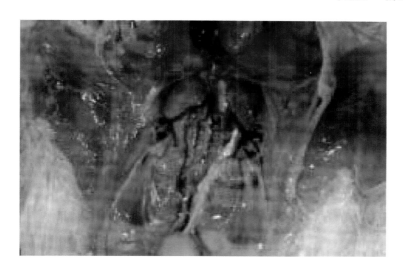

心脏、肝脏尿酸盐沉积

（六）防治措施

肾型 IB 免疫：1 日龄，4/91 + Ma5 喷雾或滴鼻点眼。14 日龄，4/91 喷雾。商品肉鸡仅在 1 日龄免疫一次即可。

呼吸型 IB 免疫：7 ~ 9 日龄，H120 滴鼻、点眼；20 ~ 30 日龄，H52 饮水；120 ~ 130 日龄，H52 饮水 + 传染性支气管炎灭活油苗肌肉注射。

> 提示　加强饲养管理，育雏舍内忌忽冷忽热，降温要循序渐进，避免冷应激。做好 1 日龄鸡的免疫接种。

四、鸡传染性喉气管炎

鸡传染性喉气管炎（ILT）是由喉气管炎病毒（ILTV）引起一种急性、高度接触性呼吸道传染病。病鸡主要表现呼吸困难、喘气、咳嗽及咳出带血黏液，喉头气管黏膜肿胀、糜烂和出血，蛋鸡产蛋率下降且有较高的死亡率。

鸡胚痘斑

（一）病原

ILTV 属于疱疹病毒科、α 型疱疹病毒亚科，仅一个血清型。ILTV 通过鸡胚绒毛尿囊膜接种，可使鸡胚在接种后 2～12 天死亡，绒毛尿囊膜增生和坏死，形成灰白色的豆斑样病灶。

（二）流行特点

鸡易感，尤以 4～10 月龄的育成鸡和成年产蛋鸡多发。该病经呼吸道传染，病鸡和带毒鸡是主要传染源。一年四季均可发病，冬春季节易发。自然感染潜伏期为 6～12 天。严重流行时，发病率达 90%～100%，平均死亡率 10%～20%，耐过鸡具有长期的免疫力。本病原在同群鸡范围内传播速度快，群间传播速度较慢。

> **提示** ILTV 主要通过接触感染方式，经呼吸道和眼睛侵入鸡体。

（三）临床症状

1. 最急性型

发病突然，传播迅速，发病率高，死亡率超过 50%。鸡特征性症状包括呼吸困难，伸颈呼吸，常因试图咳出气管中的阻塞物而发出"咯咯"声或咳嗽声。在鸡舍墙壁、地面可发现咳出的血迹。病鸡排黄绿色粪便。

病鸡张口呼吸

病鸡排绿色稀粪

2. 亚急性型

发病较慢，呼吸道症状出现数天后病鸡才死亡。该病型发病率高，但病死率较急性型低。

3. 慢性型

鸡群感染率仅有 1% ～2%，但大部分的感染鸡最终会因窒息而死。慢性型 ILT 一次暴发可延续数月，病鸡可无规律陆续死亡。临床症状包括因咳嗽和口鼻分泌物阻塞而引起的痉挛，产蛋率下降和体质虚弱。

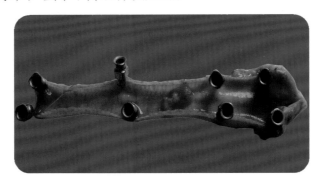

气管严重出血，内有血凝块

（四）病理变化

1. 最急性型

特征性病变主要集中在上呼吸道、喉头，气管黏膜严重出血，内有血凝块；肺严重出血；卵黄高度充血。

2. 亚急性型

病变较轻，气管中有黏液性渗出物，在喉和气管上部附着黄色干酪白喉样假膜。

3. 慢性型

在病鸡的气管、喉头和口腔内，有白喉样坏死斑或干酪样阻塞物。

肺严重出血

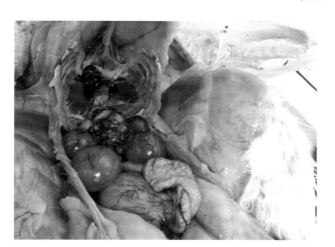

卵黄高度充血

喉头、气管上附着黄色干酪样假膜

（五）诊断

在急性病例中，根据病史、临床症状和即可作出初步诊断。温和型病例很难与其他轻度的呼吸道疾病相区别。实验室诊断需要证实病毒、病毒抗原或特异性抗体的存在。

（六）防治措施

从未发生本病的鸡场不宜接种疫苗，平时要搞好鸡场的卫生消毒工作。在 ILT 流行地区可进行疫苗接种。目前本病尚无有效治疗药物，用氢化可的松和抗生素制成喷剂对病鸡口腔喷雾，可缓解症状。

> 提示　鸡舍每天需彻底消毒并使用抗菌药物，以防细菌继发感染。

五、鸡传染性法氏囊病

鸡传染性法氏囊病（IBD）是由传染性法氏囊病毒（IBDV）引起的一种急性、接触性、免疫抑制性传染病。

（一）病原

病原是传染性法氏囊病毒（IBDV），主要侵害鸡的体液免疫中枢器官——法氏囊，导致鸡体免疫机能障碍，降低疫苗的免疫效果。IBDV 有血清Ⅰ型和Ⅱ型，二者无交叉免疫。IBDV 抵抗力强，耐酸、耐热，对胰蛋白酶、氯仿、乙醚脂溶剂均有抵抗力。一般的消毒剂灭杀效果较差，甲醛、碘制剂和氯制剂效果较好。

（二）流行特点

本病主要侵害 2~10 周龄鸡群，以 3~6 周龄雏鸡最易感。6~10 月是本病高发季节。病鸡是主要的传染源。IBD 可通过鸡直接接触 IBDV 污染物，经消化道传播。

（三）临床症状

病鸡主要表现精神不振，翅膀下垂，羽毛蓬乱。怕冷，在热源处扎堆，采食量下降，排黄白或绿色水样稀粪。鸡群发病后 3~4 天达到死亡高峰，发病 1 周后病死鸡明显减少。

精神不振，羽毛蓬乱，排黄白或绿色水样稀粪

（四）病理变化

病死鸡脱水，胸肌和腿肌有条状或斑状出血。肌胃与腺胃交界处有溃疡和出血斑，肠黏膜出血。肾肿大、苍白。

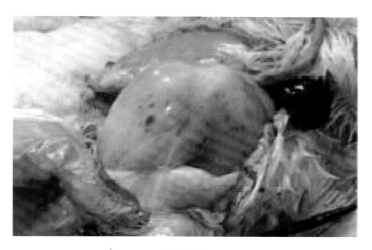

腿肌出血

胸肌出血

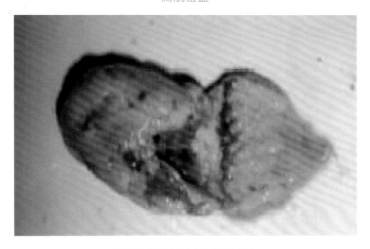

肌胃与腺胃交界处有出血斑

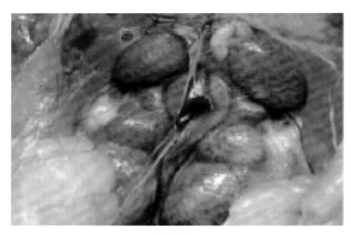

肾脏肿大

输尿管扩胀，充满白色尿酸盐。本病感染初期，法氏囊充血、肿大，比正常大2~3倍，外被黄色透明的胶冻物。剪开可见内褶肿胀、出血，内有炎性分泌物。

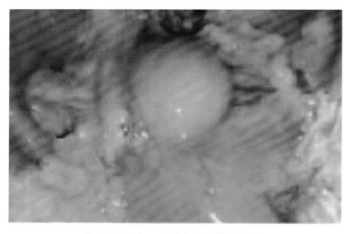

法氏囊肿大，有黄色透明的胶冻物

法氏囊内褶肿胀、出血

（五）诊断

根据本病的流行病学、病理变化，结合临床症状即可作出初步诊断，确诊应进行病原分离和血清学诊断。

（六）防治措施

1. 免疫

建议规模化商品鸡场在鸡 13～15 日龄使用中等偏强的疫苗株饮水免疫一次，或 1 日龄注射囊胚宝。母源抗体能够严重干扰早期疫苗的免疫效果，所以不建议种鸡开产前用灭活苗免疫，避免高母源抗体引起的后代免疫干扰。

2. 疫情控制

发病鸡舍应严格封锁，每天上午、下午各进行一次带鸡消毒，对环境、工具也要严格消毒。改善饲养管理和消除应激因素。及时在饮水中加入复方口服补液盐、复合维生素或 1%～2% 奶粉，以保持鸡体水、电解质、营养平衡，促进康复。

> 提示　在鸡发病中早期注射高免卵黄抗体，有很好的治疗效果，但在规模化鸡场很难操作。选用有效的抗生素，控制继发感染，以减少死亡。避免使用对肾脏有影响的氨基糖苷类和磺胺类药物。

六、鸡马立克病

鸡马立克病（MD）是由马立克病病毒（MDV）引起的一种淋巴组织增生性疾病，特征是病鸡外周神经、性腺、虹膜、各种脏器、肌肉和皮肤呈单独或多发的单核细胞浸润。MD 是一种淋巴瘤疾病，具有很强的传染性。

（一）病原

MDV 属于细胞结合性疱疹病毒 B 群。

（二）流行特点

鸡对本病最易感，特别是 2 周龄内的雏鸡，1 日龄雏鸡易感性最高。2～5 月龄多发病。雏鸡感染常形成马立克病变，较大的鸡感染后虽然带毒排毒，但发生肿瘤病变的较少。一般成年鸡感染后不表现临床症状。本病原主要通过直接接触或空气传播。传染源为病鸡和带毒鸡，存在于羽髓中的 MDV 传染性最强。MD 的发病率和病死率差异很大，为 10% ~ 60%。

（三）临床症状

1. 神经型 MD

主要侵害鸡外周神经（坐骨神经），呈一只腿伸向前方，另一只腿伸向后方的特征性"劈叉"姿态。当臂神经受侵害时，翅膀下垂；当侵害支配颈部肌肉的神经时，病鸡头下垂或头颈歪斜；当迷走神经受侵时，则可引起失声、嗉囊扩张以及呼吸困难；腹神经受侵时，常有腹泻。

神经型 MD

2. 眼型 MD

单眼或双眼视力减退或消失。虹膜失去正常色素，呈同心环状或斑点状，以至弥漫的灰白色。瞳孔边缘不整齐，严重时瞳孔只剩下一个针头大的小孔。

眼型 MD

3. 皮肤型 MD

在鸡宰后拔毛时发现羽毛囊增大，形成淡白色小结节或瘤状物。此种病变常见于颈部和躯干背面生长粗大羽毛的部位。

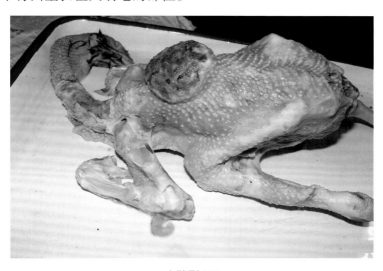

皮肤型 MD

4. 内脏型 MD

多急性暴发，常见于雏鸡。开始以大批鸡精神委顿为主要特征，几天后部分病鸡出现共济失调，随后单侧或双侧肢体麻痹。部分病鸡死前无特征性临床症状，表现脱水、消瘦和昏迷。

神经型、内脏型、眼型和皮肤型 MD 在临床上多同时发生。

（四）病理变化

病鸡最常见的病变在外周神经，受害神经增粗，黄白色或灰白色，横纹消失，有时呈水肿样。病变往往只侵害单侧神经，诊断时多与另一侧神经比较。内脏器官中以卵巢受害最为常见，其次为肾、脾、肝、心、肺、胰、肠系膜、腺胃、肠道和肌肉等，长出大小不等的肿瘤块，质地坚硬而致密。皮肤病变多是炎症性的，但也有肿瘤性的，病变位于受害羽囊的周围，在真皮的血管周围常有增生细胞、少量浆细胞和组织细胞的团块聚集。

坐骨神经肿大

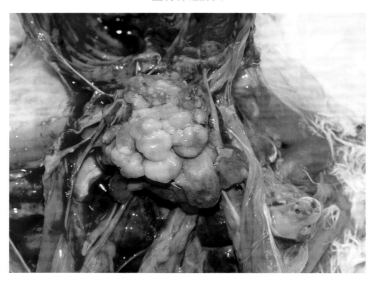

卵巢肿瘤

肺脏肿瘤

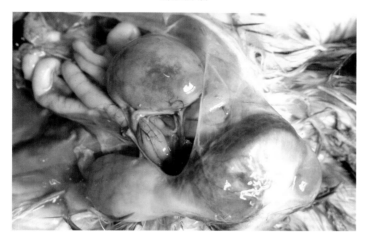

脾脏肿瘤

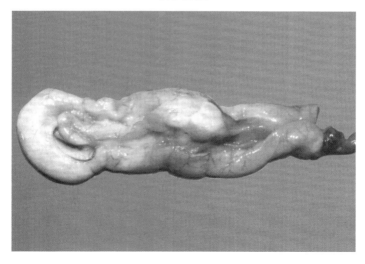

胰腺肿瘤

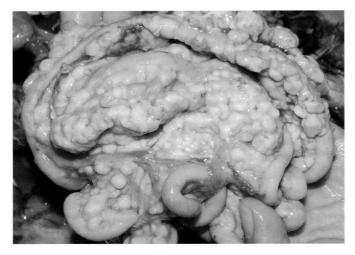

肠道肿瘤

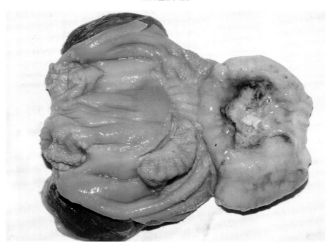

腺胃肿瘤

肾脏肿瘤

肝脏肿瘤

肌肉肿瘤

（五）诊断

根据流行特点和临床症状可作出初步诊断，确诊须进行病毒分离和血清学试验。

（六）防治措施

执行全进全出的饲养制度，避免不同日龄鸡混养；实行网上饲养和笼养，减少鸡只与羽毛粪便接触；严格卫生消毒制度；加强检疫，及时淘汰病鸡和阳性鸡。疫苗接种是预防本病的关键，同时鸡群要封闭饲养，尤其是育雏期间封闭隔离可减少发病率。疫苗接种应在鸡 1 日龄时进行，有条件的鸡场可进行胚胎免疫，即在 18 日胚龄时进行鸡胚接种。

七、禽白血病

禽白血病是由禽 C 型反录病毒群病毒引起的，禽类多种肿瘤性疾病的统称，主要是淋巴细胞性白血病，其次是成红细胞性白血病、成髓细胞性白血病。此外，还可引起骨髓细胞瘤、结缔组织瘤、上皮肿瘤、内皮肿瘤等。目前该病在世界各国均有发生。

（一）病原

本病病原为禽 C 型反录病毒群的病毒。

（二）流行特点

在自然情况下只有鸡能感染本病，不同品种或品系鸡的抗病力差异很大。母鸡的易感性比公鸡高，18 周龄以上的鸡多发，常呈慢性经过，死亡率为 5% ~ 6%。传染源是病鸡和带毒鸡。有病毒血症的母鸡，整个生殖系统都有病毒，产出的鸡蛋常带毒，孵出的雏鸡也带毒，成为传染源。在自然条件下，本病主要是垂直传播，也可水平传播。感染了白血病病毒的鸡，不管是否有症状出现，都能从粪便或唾液中不断排出大量病毒。

（三）临床症状和病理变化

1. 淋巴细胞性白血病

一般鸡 14 周龄以后开始发病，在性成熟期发病率最高。病鸡精神委顿，进行性消瘦和贫血，鸡冠和肉髯苍白、皱缩，偶见发绀。病鸡食欲减少或废绝，腹泻，产蛋停止。病鸡腹部常明显膨大，用手按压可摸到肿大的肝脏，最后衰竭死亡。

鸡冠苍白，下颌肿瘤

肝脏肿瘤

剖检，可见肿瘤主要发生于肝、脾、肾、法氏囊，也可侵害心肌、性腺、骨髓、肠系膜和肺。肿瘤呈结节形或弥漫性，灰白色到淡黄白色，大小不一，切面均匀一致，很少有坏死灶。

脾脏肿瘤

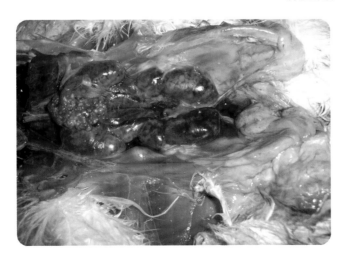

肾脏肿瘤

2. 红细胞性白血病

此病型比较少见，通常发生于6周龄以上的高产鸡。临床上分为增生型和贫血型，增生型较常见。

3. 髓细胞性白血病

此病型临床少见，表现为嗜睡、贫血、消瘦、毛囊出血。病程比成红细胞性白血病长。剖检时见骨髓坚实，红灰色至灰色。内脏有灰色弥漫性肿瘤结节。

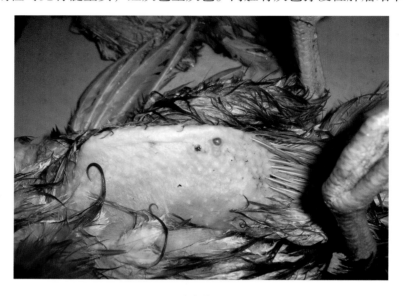

毛囊出血

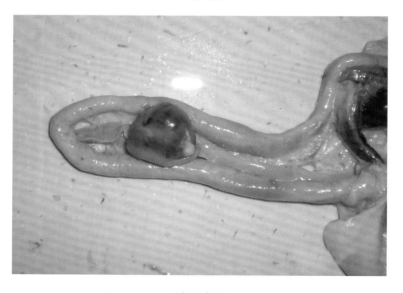

胰腺肿瘤

4. J – 亚型白血病

感染的种鸡均匀度不整齐，鸡冠苍白，羽毛异常。感染后可导致种公鸡的受精率降低，种母鸡的产蛋率下降，死亡率明显增高。

剖检，可见肝脏、脾、肾和其他器官均有肿瘤。在肋骨与肋软骨结合处，胸骨内侧、骨盆、下颌骨、颅骨、腿部有肿瘤形成。

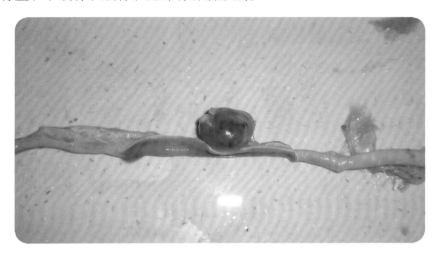

肠肿瘤

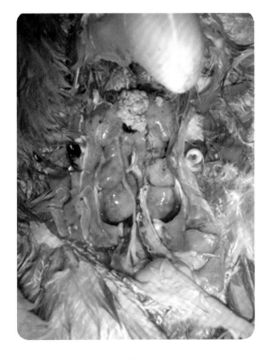

肾脏肿瘤

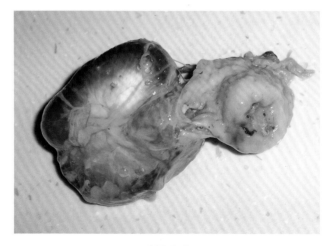

腺胃肿瘤

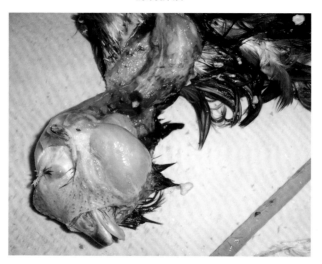

下颌肿瘤

腿部肿瘤

（四）诊断

鸡白血病病毒感染非常普遍，单纯的病原和抗体检测没有实际诊断价值。根据血液学检查和病理学特征，结合病原和抗体的检查来确诊。

> **提示**　病原分离和抗体检测是建立无白血病鸡群的重要手段。

（五）防治措施

本病主要为垂直传播，尚无行之有效的治疗措施。减少种鸡群的感染率和建立无白血病的种鸡群，是控制本病的最有效措施。

八、禽脑脊髓炎

禽脑脊髓炎（AE），又称流行性震颤，是以侵害幼禽中枢神经系统为特征的急性、高度接触性传染病。病鸡典型症状是共济失调、站立不稳和头颈震颤，病理变化为非化脓性脑脊髓炎。成年鸡感染后出现一过性产蛋率下降，孵化率降低，并通过种蛋垂直传播，危害极大。

（一）病毒

禽脑脊髓炎病毒（AEV）为 RNA 病毒。嗜肠型 AEV 通过口服感染，经过粪便传播。本病通过垂直传播或鸡出壳后早期水平传播，雏鸡易发病，一般表现神经症状。脑内接种 SPF 雏鸡，也能表现神经症状。高度嗜神经型的 AEV 以标准株 Van Roekel（简称 VR 株）为代表，病毒经脑内接种或经非肠胃途径（如皮下、肌肉注射）引起严重的神经症状，口服一般不感染。

（二）流行特点

自然感染见于鸡、雉、火鸡、鹌鹑等。各日龄禽均可感染，3 周龄以内的雏禽多发，一般雏禽感染才有明显的临床症状。本病可水平传播和垂直传播。病鸡从粪便中排毒，持续 5～12 天，AIV 在粪便中可存活 4 周以上。污染的垫料和设备等都是病毒来源。本病主要是垂直传播。产蛋母鸡感染 AEV 后，常通过血液循环将病毒排入蛋内，近 20 天所产的种蛋均带毒。出壳的雏鸡会表现典型的 AE 临床症状，因此，此期种蛋应禁用。一般2周龄以内的鸡发病，多与垂直传播有关；2周龄以上鸡感染，多与水平传播有关。本病流行无明显的季节性差异，发病率、死亡率与家禽的易感性、病毒毒力和鸡群日龄有关。一般雏鸡发病率为40%～60%，死亡率10%～25%。

（三）临床症状

雏鸡最初表现两眼呆滞，精神沉郁，行动迟缓，站立不稳。随后雏鸡出现共济失调、头颈震颤等症状，不愿活动，常以跗关节和胫部着地行走。

当病鸡完全麻痹后，常因无法饮食及相互踩踏而死亡。病愈鸡常发育不良，并易继发新城疫、大肠杆菌等。成年鸡感染该病毒时，不表现雏鸡的症状，只表现产蛋减少和羽毛松乱等。

（四）病理变化

本病无特征性剖检病变，个别病雏可见到脑部的轻度充血，少数病鸡的肌胃肌层出现散在灰白区，严重病死雏常见肝脏脂肪变性、脾脏肿大。

病鸡站立不稳

脑膜充血

（五）诊断

根据本病的流行规律和特点，结合临床症状和特征性病变即可作出初步诊断。确诊应进行病原分离和血清学检测。

（六）防治措施

采取综合性防治措施。不从疫区或疫场引进种雏或种蛋。慎用弱毒苗免疫接种，以免向外界散毒。由于该病可垂直传播，故要了解引进鸡群父母代的情况。做好防疫工作，防止雏鸡发病。AE 尚无有效药物，病鸡应立即淘汰。

单元五
细菌性疾病

单元提示

1. 鸡大肠杆菌病

2. 鸡慢性呼吸道病

3. 鸡沙门菌病

4. 鸡传染性鼻炎

5. 禽霍乱

6. 坏死性肠炎

一、鸡大肠杆菌病

本病是由大肠杆菌埃希菌属某些致病性血清型菌株引起，包括大肠杆菌性肉芽肿、腹膜炎、输卵管炎、脐炎、滑膜炎、气囊炎、眼炎、卵黄性腹膜炎等。

（一）流行特点

大肠杆菌病雏鸡多发，3~6周龄雏鸡最易感，可垂直传播和水平传播。饲养管理不当和各种应激因素，均可诱发本病。

（二）临床症状与病理变化

1. 脐炎

病雏虚弱，打堆，水样腹泻，腹部膨大，脐部红肿、脐孔闭合不全，有腥臭味。剖解，常见卵黄囊吸收不良。

2. 败血症

病鸡离群呆立或挤堆，羽毛无光泽，排黄白色稀粪，肛门污秽。

3. 气囊炎

病鸡有明显的呼吸音，咳嗽和呼吸困难并发出异常音。病理变化为胸、腹等气囊壁增厚不透明，囊腔内有纤维性或干酪样物。

病雏虚弱，挤堆

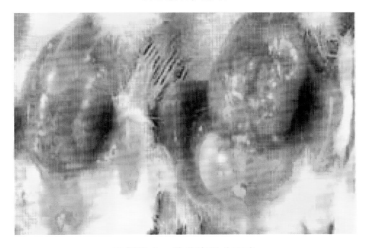

腹部膨大，卵黄囊吸收不良

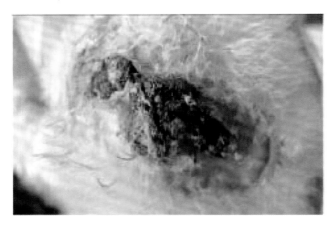

排黄白色稀粪，肛门污秽

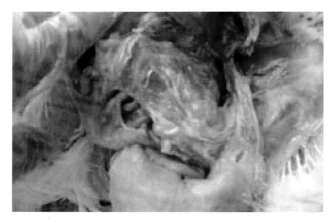

囊腔内纤维性或干酪样物

4. 心包炎

病鸡患败血症时发生心包炎，常伴发心肌炎，心包膜肥厚、混浊，心外膜水肿，心包囊内充满淡黄色纤维素性渗出物，严重的心包膜与心肌粘连。

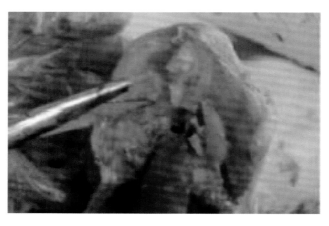

心包肥厚、浑浊

肝脏表面渗出纤维蛋白

5. 肝周炎

肝脏肿大，有一层黄白色纤维蛋白附着，变性、质地变硬，表面有许多大小不一的坏死点。严重者肝脏渗出的纤维蛋白，与胸壁、心脏和胃肠道粘连，导致肉鸡腹水症。

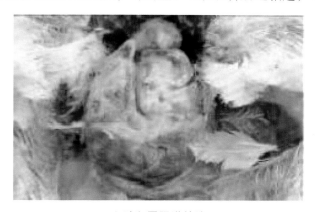

心脏和胃肠道粘连

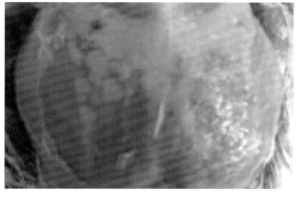

腹部膨大，内有腹水

6. 眼炎

鸡舍内空气污浊常诱发眼炎，病鸡多为一侧性，发病初期减食或废食，羞明、流泪、红眼，随后眼睑肿胀突起。

雏鸡减食或废食、打盹

雏鸡流泪、红眼，眼睑肿胀突起

（三）诊断

本病容易与其他疾病相混淆。根据流行特点、临床症状及病理变化作出初步诊断，确诊需要进行细菌的分离鉴定。

（四）防治措施

重点要搞好孵化卫生，切断种蛋垂直传播途径。加强环境卫生管理和饲养管理。先分离大肠杆菌进行药敏试验，再确定治疗用药。

> 提示 大肠杆菌病是典型的环境病，做好鸡舍消毒和通风工作，适当降低鸡群密度，发病几率就会大大降低。

二、鸡慢性呼吸道病

鸡慢性呼吸道病（CRD）又称鸡败血支原体病，是由鸡毒支原体感染引起的一种慢性、接触性疾病。本病病程长，病理变化发展慢，主要表现为呼吸啰音、咳嗽、流鼻液及气囊炎等。

（一）病原

病原为鸡败血霉形体，革兰染色阴性，着色较淡。血清型有 10 个血清群，A 型、H 型、S 型分别代表着鸡败血霉形体、火鸡霉形体和滑膜霉形体。该病原对外界环境的抵抗力不强，一般消毒药均能迅速杀灭。

（二）流行特点

各年龄鸡和火鸡都能感染本病，以 4 ~ 8 周龄鸡最易感，成年鸡常为隐性感染。CRD 可水平传播和垂直传播，一年四季都可发生，寒冷季节多发。

（三）临床症状

病鸡食欲降低，流稀薄或黏稠鼻液，咳嗽，打喷嚏，眼睑肿胀，流泪，呼吸困难和气管啰音。随着病情的发展，病鸡可出现一侧或双侧眼睛失明。

一侧眼睛失明

眼睛肿胀、流泪

（四）病理变化

病死鸡消瘦，气囊壁增厚、浑浊，有干酪样物或增生的结节状病灶。严重病例可见纤维素性肝周炎和心包炎。

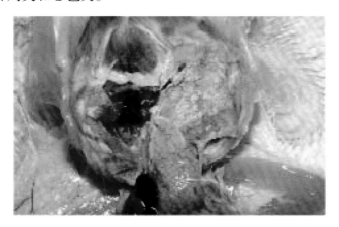

气囊壁增厚、浑浊

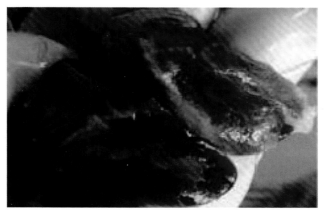

纤维素性肝周炎

（五）诊断

根据本病的流行特点、临床表现和病理变化可作出初步诊断。确诊需作病原分离培养和血清学检验。

（六）防治措施

要加强饲养管理，保证日粮营养均衡；鸡群饲养密度适当，通风良好，防止阴湿受冷。早期用药可预防支原体病。一般在肉鸡3周龄和5周龄分别投喂支原体敏感药物3~5天，如支原净、强力霉素、大观霉素、罗红霉素、替米考星等。

> **提示** 做好种鸡群净化，不断淘汰阳性鸡，防止病原由父母代垂直传播到商品代，是防治本病的重要措施。

三、鸡沙门菌病

（一）病原

沙门菌是一类肠道杆菌，包括2 000多个血清型，一部分可以导致人和动物的感染，造成局部和系统性疾病，统称为沙门菌感染或沙门菌病。鸡沙门菌感染可分为宿主特异型和宿主非特异型。宿主特异型由鸡伤寒沙门菌和鸡白痢沙门菌引起，称为鸡白痢和鸡伤寒。

（二）流行特点

鸡伤寒主要由鼠伤寒沙门菌、肠炎沙门菌引起，通过食物链传播，造成人的肠炎、食物中毒，甚至暴发流行。

（三）临床症状和病理变化

1. 鸡白痢

鸡白痢（PD）是由鸡白痢沙门菌引起，雏鸡表现为急性败血病，发病率、死亡率都很高。成年鸡多呈慢性或隐性感染。

PD是典型的经蛋传播疾病。啄癖恶习、污染的饲料及饮水、交配等，都可传播本病。病鸡和带菌鸡是主要传染源。

（1）一般雏鸡潜伏期为4~5天，雏鸡在5~6日龄时开始发病，2~3周龄是发病和死亡的高峰。病鸡排灰白色稀便,肛门被干燥粪便糊住。病雏排便困难,可见努责,常听到痛苦的尖叫声。病雏消瘦,脐孔愈合不良,周围皮肤易发生溃烂。腹部膨大,触摸腹腔有未吸收的卵黄。有时可见病鸡膝关节发炎肿大,跛行或伏地不动。病雏鸡生长发育受阻,长成后有较高的带菌率。

(2)40~80日龄育成鸡多发白痢,地面平养较网上和育雏笼养多发病。鸡突然发病,精神、食欲差,有下痢,常突然死亡,死亡没有高峰期。病程可拖延20~30天,死亡率可达10%~20%。

(3)一般成年鸡不表现明显症状,产蛋率、受精率和孵化率下降。有的鸡冠萎缩,时有下痢。

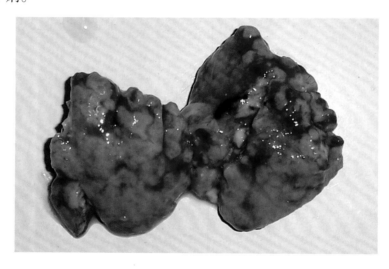

肺脏有黄白色结节

病死鸡脱水,脚趾干枯。肝肿大,呈土黄色,肝实质可见灰色坏死点,有条纹状出血。胆囊扩张,充满暗紫色的胆汁。鸡败血症死亡时,其他内脏器官也充血。卵黄吸收不良,呈黄绿色,内容物稀薄。严重者卵黄囊破裂,卵黄散落在腹腔中,形成卵黄性腹膜炎。数日龄雏鸡可能有出血性肺炎变化,病程稍长者可见肺脏有黄白色坏死灶或灰白色结节;心包增厚,心脏上可见坏死或结节,略突出于表面;肝肿大脆弱;肠道呈卡他性炎症,盲肠膨大,内有白色干酪样物。日龄较大的病雏,可见到肝脏有灰黄色结节或灰色肝变区,心肌上的结节增大而使心脏变形。肾脏肿大、淤血,输尿管中有尿酸盐沉积。

育成鸡突出的变化是肝脏肿大，较正常的肝脏大数倍，整个腹腔被肝脏覆盖。肝脏质地极脆，一触即破。被膜下可看到散在或较密集的出血点、坏死点，或有血块。有的则见整个腹腔充盈血水，脾脏肿大，心包增厚，心包膜呈黄色不透明。心肌可见黄色坏死灶，严重的心脏变形、变圆，整个心脏布满坏死组织。肠道呈卡他性炎症。

肝脏肿大

盲肠膨大，内有黄白色干酪样栓子

肝脏肿大，有坏死灶

慢性型感染鸡主要病变在卵巢，卵巢皱缩不整，有的卵巢尚未发育或略有发育，输卵管细小。卵泡变形变色，呈三角形、梨形、不规则形等，黄绿色、灰色、黄灰色、灰黑色等。由于卵巢和输卵管功能失调，可造成输卵管阻塞或卵泡落入腹腔而形成包囊。卵泡破裂形成卵黄性腹膜炎，与腹腔脏器粘连。亚急性型感染鸡消瘦，心脏肿大变形，见有灰白色结节；肝肿大，呈黄绿色，表面附着纤维素性渗出物；脾易碎，内部有病死灶；肾肿大，呈实质变性。

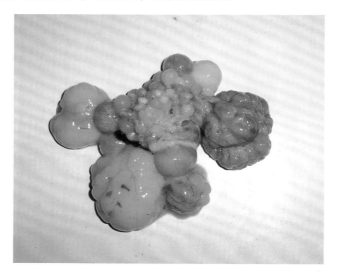

成年鸡卵泡变形，呈黄绿色、灰色等

成年鸡肝脏肿大，呈黄绿色

成年公鸡病变通常局限于睾丸和输精管，睾丸极度萎缩，白膜增厚和输精管完全闭塞，睾丸实质小点坏死。有时胸骨区和足部皮下脓肿，甲状腺肿大。

2. 鸡伤寒

鸡伤寒病是由禽伤寒沙门菌引起的，主要发生于消化道的传染病。本病主要感染鸡，也可感染火鸡、鸭、鹌鹑等。4 月龄以下的鸡较成年鸡易感性更高。

3. 禽副伤寒

本病是由多种病原型沙门菌引起，以鼠伤寒沙门菌最常见，其次为德尔俾沙门菌、海德堡沙门菌、纽波特沙门菌和鸭沙门菌，为人兽共患病。病禽应严格执行无害化处理。加强屠宰检验，特别是急宰病禽的检验和处理。肉类一定要充分煮熟，积极灭鼠，以免其排泄物污染。

（四）诊断

根据流行特点、症状及剖检病变可作出初步诊断，确诊进行病菌的分离培养鉴定。

（五）防治措施

1. 检疫净化鸡群

鸡白痢沙门菌主要通过种蛋传播，因此，可通过血清学试验检出阳性反应种鸡，淘汰。首次检查在鸡 60～70 日龄，第二次检查可在 16 周龄，青年鸡在 5 月龄移入产蛋鸡舍时和收种蛋前再次进行白痢检疫，阳性鸡全部淘汰。

2. 严格消毒

孵化场要对种蛋、孵化器和其他用具严格消毒。种蛋最好在产蛋后 2 小时熏蒸消毒，防止蛋壳表面的细菌侵入蛋内。雏鸡出壳后再进行一次低浓度的甲醛熏蒸。育雏舍、育成舍和蛋鸡舍做好地面、用具、饲槽、笼具、饮水器等的清洁消毒，定期带鸡消毒。做好灭鼠、灭蝇工作，防止野鸟和其他动物进入鸡舍，人员进出要严格消毒。

3. 加强雏鸡的饲养管理

采取高温育雏，延长脱温的时间，以促进卵黄的吸收和脐孔的愈合。

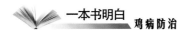

4. 治疗

呋喃类、磺胺类及其他抗生素治疗急性病例，可以减少雏鸡的死亡，但痊愈后仍然可能带菌。注意交替用药，以免形成耐药性。

四、鸡传染性鼻炎

鸡传染性鼻炎是由鸡副嗜血杆菌引起的急性或亚急性上呼吸道疾病。本病可使育成鸡生长受阻，肉鸡的肉质变劣、淘汰率增加，公鸡的睾丸萎缩、精质变坏、受精率降低，给养禽业造成了重大经济损失。

（一）病原

病原为鸡副嗜血杆菌。

（二）流行特点

在自然条件下，本病可感染鸡、火鸡、雉、珠鸡等，鸭、鹅、鸽等不感染。各年龄鸡均可发病，育成鸡和产蛋鸡群多发，雏鸡很少发病。该病一年四季均可发生，但以秋冬、初春季节多发。气温突然变化，鸡舍通风不良，卫生条件差，鸡群过分拥挤，饲料中维生素缺乏，严重的寄生虫和支原体感染，都是本病的主要诱因。该病原主要由病鸡的呼吸道和消化道排泄物传播，不经蛋传播。病鸡和隐性带菌鸡是主要传染源。

（三）临床症状

病初仅见病鸡鼻孔中有稀薄如水样鼻液，打喷嚏。鼻腔内流出浆液性或黏液状分泌物，逐渐变浓稠并有臭味，黏液干燥后于鼻孔周围凝结成淡黄色结痂。病鸡常摇头，打喷嚏，呼吸困难。病鸡面部发炎，一侧或两侧眼周围组织肿胀，严重者失明。严重者气管及支气管和肺部有炎症，引起呼吸困难和啰音。病鸡体重逐渐下降，母鸡产蛋率下降10%～40%，公鸡肉髯肿大。本病的发病率较高，而死亡率往往较低。感染鸡的日龄和品种不同，临床表现也不同。

病鸡面部肿胀，鼻孔周围形成黄色结痂

（四）病理病化

主要病变是鸡的鼻腔、鼻窦、喉和气管黏膜发生急性卡他性炎症，充血肿胀，潮红，附着大量黏液，窦内积有渗出物凝块或干酪样物，严重时也可能发生支气管肺炎和气囊炎。面部和肉髯的皮下组织水肿，眼、鼻有恶臭的分泌物结成硬痂，眼睑有时粘合在一起。产蛋鸡输卵管内有黄色干酪样物，卵泡松软、血肿、坏死或萎缩，患腹膜炎。公鸡睾丸萎缩。

病鸡鼻腔、窦内有黏液

产蛋鸡卵泡出血、坏死

（五）诊断

根据临床症状、病理变化以及流行特点可作出初步诊断，再通过实验室检查确诊。

（六）防治措施

1. 饲养管理

鸡舍要注意防寒防湿，通风良好。鸡群不能过分拥挤，搞好鸡舍内外清洁卫生，保持用具干净。保证饲料的营养全价，富含维生素 A。实行"全进全出"的饲养方式，避免不同日龄的鸡群混养，不要从外场购入带菌鸡。引进种鸡必须来自健康鸡群。

2. 免疫接种

采用副鸡嗜血杆菌菌苗预防本病，有一定效果。目前国内使用的多为含 A 型和 C 型副鸡嗜血杆菌的二价油乳剂灭活苗。由于副鸡嗜血杆菌各血清型之间不存在交叉免疫保护，同一血清型的不同亚型之间只有部分保护，故最好选用本场或本地区分离的菌株来做疫苗。

3. 治疗

一旦发现病鸡，应及时隔离治疗。治愈康复的鸡应与健康鸡群分开饲养。发病的鸡舍要进行彻底消毒，方可引进新鸡饲养。治疗鸡传染性鼻炎以磺胺类药物的抑菌效果最好，但停药后易复发。

五、禽霍乱

禽霍乱是由多杀性巴氏杆菌（PM）引起的一种接触性急性败血症。禽急性发病时表现为败血症，发病率和死亡率很高。禽慢性发病的特征为肉髯水肿及关节炎，死亡率较低。本病呈世界性分布，给养禽业造成了严重的经济损失。

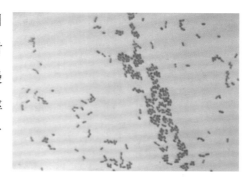

（一）病原

巴氏杆菌为革兰阴性、卵圆形小杆菌。

（二）流行特点

各种家禽均对多杀性巴氏杆菌易感，鸡、鸭最易感。一般侵害 4 周龄以上的育成鸡和成年产蛋鸡，营养状况良好的高产鸡易发。病鸡、康复鸡或健康带菌鸡是主要传染源，慢性病鸡或引进带菌鸡往往造成复发，新鸡群暴发本病。病菌主要通过消化道传染，还可通过呼吸道、皮肤黏膜及伤口传染。吸血昆虫、苍蝇、猫等也可成为传播媒介。

（三）临床症状

1. 最急性型

鸡病初期，常不见任何临床症状突然死亡。

鸡冠发绀

2. 急性型

病鸡精神沉郁、呆立、缩颈闭眼或头藏翅下，羽毛松乱，口中流黏液，鸡冠、肉垂发绀而呈黑紫色。病鸡下痢，常有剧烈腹泻，排出黄色、灰白色或淡绿色稀粪。体温高达44℃。病程短，病鸡1~2天死亡。

3. 慢性型

在流行后期或本病常发地区可以见到慢性型病例，有的是由急性病例转来。病变常局限于某一部位，如一侧或两侧肉髯肿大，有结膜炎或鼻炎。产蛋母鸡卵巢常发生感染，成熟卵泡表面血管模糊不清。慢性病鸡可拖延几周才死亡，或成为带菌者。

（四）病理变化

剖检最急性死亡病鸡，看不到明显的病变。急性病例可见腹膜、皮下组织和腹部脂肪有小出血点；胸腔、腹腔、气囊和肠浆膜上常见纤维素性或干酪样灰白色的渗出物；小肠前段尤以十二指肠呈急性卡他性炎症或急性出血性卡他性炎症，肠内容物中含有血液。肝脏病变具有特征性，肿大，色

肠道出血

泽变淡，被膜下和肝实质中弥漫性散布有许多灰白色、针尖大小的坏死点。心外膜上有出血点或出血斑，在心冠状沟脂肪上出血点尤为明显。心包炎，心包内积有多量淡黄色液体，偶尔有纤维素凝块。肺充血，表面有出血点。慢性型常表现为冠、髯苍白，有的发生水肿、变硬或出现干酪样物。关节发炎、肿大，跛行，切开肿大的关节时见有干酪样物。少数病例可见鼻窦炎。有的病鸡长期拉稀。产蛋鸡可见卵巢出血，卵黄破裂，腹腔内脏表面附着卵黄样物质。

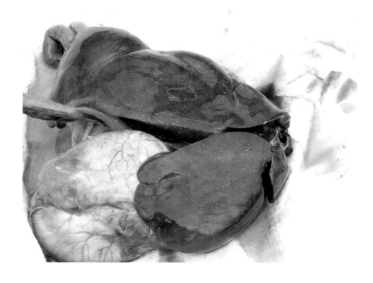

肝脏肿大，有针尖大白色坏死点

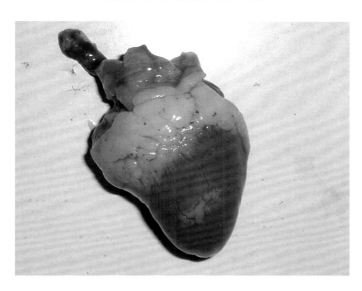

心冠脂肪有出血点

（五）诊断

根据流行特点、症状和病变可作出初步诊断，再通过实验室检查确诊。

（六）防治措施

加强饲养管理。疫苗免疫的效果不好，免疫期不长，反应性较大。鸡群发病立即治疗，有条件的通过药敏试验选择有效药物，全群给药。磺胺类药物、氯霉素、红霉素、庆大霉素、氟哌酸、喹乙醇等均有较好的疗效。

六、坏死性肠炎

鸡坏死性肠炎是 A 型或 C 型产气荚膜梭菌在鸡肠道内大量繁殖而产生大量毒素，所引起的一种非接触性传染病。

（一）病原

病原为魏氏梭菌。

魏氏梭菌

（二）流行特点

鸡肠道本身就有魏氏梭菌，当鸡体遭受各种应激（如球虫的感染，饲料中蛋白质含量的增加，肠黏膜损伤，口服抗生素）和污染环境中魏氏梭菌增多时，易发生本病。2~3 周龄到 4~5 月龄的青年鸡多发病，通过直接接触传播。

（三）临床症状

本病多为散发，发病迅速。急性病雏常无明显的先兆症状而突然死亡。病鸡精神状态差，羽毛逆立，粗乱无光泽；食欲减少或废绝，从口中流出饲料或水样物；粪便稀呈暗黑色，有时混有血液。

肠道臌气

（四）病理变化

剖检病变常局限于小肠，以空肠和回肠多见，偶尔可见到盲肠病变。小肠脆、易碎，充满气体。肠黏膜弥漫性出血或严重坏死，覆盖一层黄色或绿色假膜，易剥落。

（五）诊断

依据典型的剖检病变和分离到产气荚膜梭菌，即可作出诊断。鸡场病例，用血液琼脂平板 37℃厌氧过夜，易从肠内容物、肠壁刮取物或出血性淋巴结中分离出产气荚膜梭菌。注意本病与溃疡性肠炎、球虫感染的鉴别。溃疡性肠炎特征性剖检病变为小肠远端、盲肠、肝脏有坏死灶。坏死性肠炎的病变仅局限于空肠和回肠，而盲肠和肝脏几乎没有病变。布氏艾美尔球虫感染的病变与本病相似，但是镜检粪便涂片和肠黏膜触片可见到球虫卵囊。

肠黏膜表面有黄色假膜

提示 临床常见坏死性肠炎和球虫病同时感染的病例，应注意综合诊断。

（六）防治措施

平时加强饲养管理，不喂发霉变质的饲料。在饲料中添加抗生素，如杆菌肽、林可霉素、青霉素、氨苄青霉素、奥沃霉素、双呋米腙等，能有效防治本病。微生态制剂如乳酸杆菌、粪链球菌，可减轻坏死性肠炎的危害。

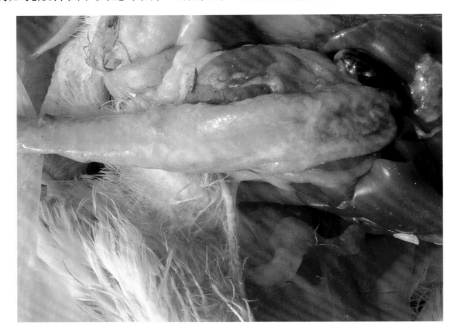

肠黏膜出血

单元六
寄生虫病

单元提示

1. 鸡球虫病

2. 鸡组织滴虫病

3. 鸡绦虫病

4. 鸡蛔虫病

一、鸡球虫病

鸡球虫病是球虫寄生于鸡的肠黏膜上皮细胞，而引起的一种急性流行性原虫病，临床上常见且危害严重。

（一）病原

病原为艾美耳科、艾美耳属的球虫。

（二）流行特点

病鸡是主要传染源，凡被带虫鸡污染过的饲料、饮水、土壤和用具等，都有卵囊存在。鸡感染球虫的途径主要是吃了卵囊。饲养管理条件不良，鸡舍潮湿、卫生

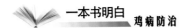
条件恶劣时易发病，往往迅速波及全群。

（三）临床症状与病理变化

病鸡精神沉郁，贫血消瘦。病鸡感染后 4～5 天，排出大量新鲜血便。剖检病死鸡，可见盲肠肿胀，充满大量血液，或盲肠内凝血并充满干酪样物。

病鸡精神沉郁，贫血消瘦

血便

盲肠肿胀，充满大量血液

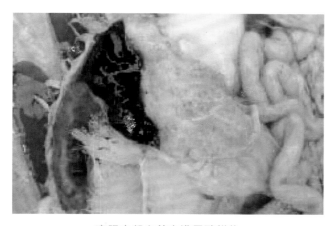

盲肠内凝血并充满干酪样物

1. 急性小肠球虫病

主要损害小肠中段，剖检可见小肠黏膜上有粟粒大出血点和灰白色坏死灶，小肠内大量出血，伴有干酪样物。

小肠黏膜有出血点和灰白色坏死灶

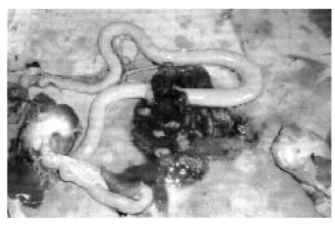

小肠内大量出血

2. 慢性球虫病

主要损害小肠中段，可使肠管扩张，肠壁变薄；内容物黏稠，呈灰色或淡褐色。

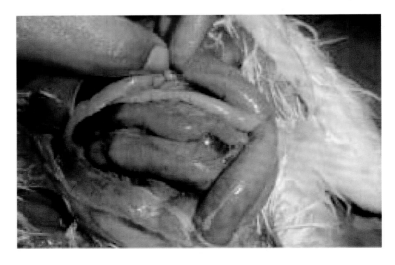

肠管扩张，肠壁变薄

肠内容物黏稠，呈淡褐色

用饱和盐水漂浮法或粪便涂片可查到球虫卵囊；取肠黏膜触片和刮取肠黏膜涂片，可查到裂殖体、裂殖子或配子体。

球虫卵囊

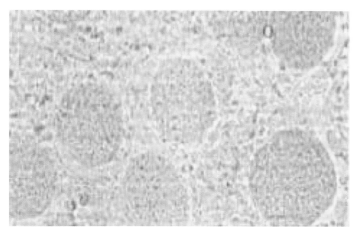

球虫裂殖体、裂殖子

（四）诊断

根据本病的流行特点、临床表现和病理变化可作出初步诊断。确诊需要依靠实验室技术，包括病原分离培养和血清学诊断。

（五）防治措施

加强饲养管理，保持鸡舍干燥、通风和鸡场卫生，定期清除粪便，堆放发酵以杀灭卵囊。生产中最好使用球虫多价疫苗，以获得全面的保护。

> **提示**　治疗球虫病的药物很多，建议临床交替使用，以降低抗药性。

二、鸡组织滴虫病

组织滴虫病又名盲肠肝炎或黑头病，是火鸡组织滴虫寄生于禽类的盲肠和肝，而引起的一种急性原虫病。火鸡和雏鸡多发，导致盲肠炎和肝脏的特征性坏死灶。

（一）病原

组织滴虫属鞭毛虫纲、单鞭毛科。

（二）流行特点

本病以2周龄到4月龄鸡最易感。病鸡排出的粪便污染饲料、饮水、用具和土壤，通过消化道而感染。当滴虫在盲肠黏膜内大量繁殖，引起发炎、出血、坏死，可波及肌肉和浆膜，最终使整个盲肠都受到严重损害。在肠壁寄生的组织滴虫也可进入毛细血管，随门静脉血流进入肝脏，破坏肝细胞，导致肝组织坏死。

（三）临床症状

本病的潜伏期为几天或2～3周。病鸡下痢，逐渐消瘦，鸡冠、嘴角、喙、皮肤呈黄色，排黄色或淡绿色粪便，急性感染时可排血便。部分鸡冠、肉髯发绀，呈暗黑色，因而有"黑头病"之称。病愈鸡带虫可达数周，甚至数月。

（四）病理变化

本病特征性病变在盲肠和肝脏，其他器官无病变。盲肠肿大，黏膜出血，肠腔内积有渗出的浆液和血液。盲肠壁增厚变硬，黏膜坏死，失去伸缩性。肠腔内充满大量干燥、坚硬、干酪样凝栓，形似香肠，附着血液及坏死、剥落的黏膜。如将肠管横切，可见同心圆层状干酪样

盲肠肿大

凝固物，中心为暗红色的凝血块，外围是淡黄色干酪化的渗出物和坏死物。有时伴发腹膜炎，盲肠与腹膜或小肠粘连。肝脏大小正常或明显肿大，呈现紫褐色。在肝被膜面布满圆形或不规则形、中央稍凹陷、边缘稍隆起、黄绿色或黄白色的坏死灶，如菊花状或纽扣状。坏死灶的大小不一，中央颜色较深，呈红褐色或暗红色；

周边颜色较淡，呈黄色圆环状。有些病例，肝脏散在许多小坏死灶，呈斑驳状。若坏死灶互相融合，则可形成大片融合性坏死灶。

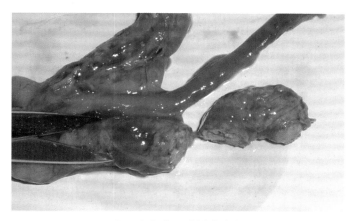

盲肠内充满干酪样渗出物

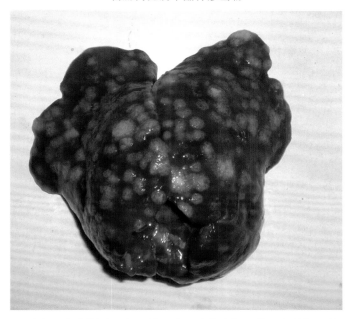

肝脏表面布满圆形、中央稍凹陷、边缘隆起、黄褐色的坏死灶

（五）诊断

根据组织滴虫病的特异性病变和临床症状便可作出诊断。并发球虫病、沙门菌病、曲霉菌病或上消化道毛滴虫病时，必须用实验室方法检查出病原体，方可确诊。

（六）防治措施

加强鸡群的卫生和管理，及时清粪，堆积发酵。成鸡与幼鸡分开饲养。定期给鸡驱除异刺线虫。消灭传播媒介蚯蚓。隔离病鸡，鸡舍地面消毒。治疗可用复方敌菌净、灭滴灵、丙硫咪唑等。

三、鸡绦虫病

（一）病原

绦虫种类繁多、分布广泛，寄生于畜禽及人体的绦虫属于扁形动物门绦虫纲，只有圆叶目和假叶目绦虫对家畜及人体具有感染性。寄生于禽肠道的绦虫多达40余种，最常见的是戴文科赖利属、戴文属、膜壳科剑带属绦虫，均寄生于禽类的小肠，主要是十二指肠。

（二）流行特点

成虫寄生于家禽的小肠内，成熟的孕卵节片自动脱落，随粪便排到外界，被适宜的中间宿主吞食后，经2～3周发育为具感染能力的似囊尾蚴。家禽吃了带有似囊尾蚴的中间宿主而受感染，在小肠内经2～3周发育为成虫。成熟孕节不断地自动脱落并随粪便排出。

家禽的绦虫病分布广泛、危害大，在中间宿主活跃的4～9月份多发。各种年龄的家禽均可感染，但以雏禽更易感。25～40日龄的雏禽发病率和死亡率最高，成年禽多为带虫者。

（三）临床症状

患鸡精神沉郁，羽毛逆立，渴欲增加；粪便稀薄或混有血样黏液；鸡冠、面部及腿部皮肤苍白，贫血症状明显；消瘦，生长缓慢，最后衰弱死亡。产蛋鸡表现为产蛋率下降，但无畸形蛋、薄壳蛋、砂壳蛋和褪色蛋出现。肉鸡亦出现血便，但不易发现，

鸡冠苍白

易与球虫病和肠毒综合征混淆，整体鸡群料肉比下降。

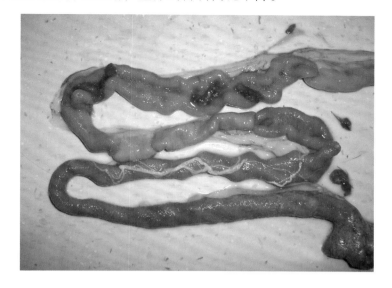

肠道内有胡萝卜样分泌物、假膜和绦虫

（四）病理变化

解剖病鸡，肌肉苍白或黄疸；肝脏土黄色，边缘偶见坏死区域；卵泡正常或少量充血，但输卵管内多数有硬壳蛋；肠道内壁有假膜覆盖，易刮落；空肠及回肠内有胡萝卜样分泌物并有恶臭。部分死亡鸡肠道稀薄，肠黏膜脱落明显，肠道内有未消化的饲料，黏膜发白、黄染。小肠壁上出现结核样结节并凹陷，内有虫体节片和黄褐色凝乳栓塞物，个别病例可见较大疣状溃疡。严重感染时，个别部位绦虫堆聚成团，堵住肠管，直肠有血便。

（五）诊断

在粪便中可找到白色米粒样的孕卵节片。在夏季气温高时，可见节片向粪便周围蠕动，镜检可发现大量虫卵。对部分重病鸡可进行剖检诊断。

（六）防治措施

搞好粪便清理及环境卫生；切断传播途径，消灭鸡与中间宿主（昆虫、甲壳动物等）接触的机会；雏鸡与

肠道内的绦虫

成年鸡要分开饲养；在每年的仲夏驱虫。吡喹酮是本病的首选药物，槟榔等中药也有较好的效果。

四、鸡蛔虫病

鸡蛔虫病遍及全国各地，常感染严重，影响雏鸡的生长发育，甚至造成大批死亡。

（一）流行特点

雄虫交配后死亡。受精后的雌虫在鸡小肠内产卵，卵随鸡粪排到体外。虫卵在适宜的条件下，经1～2周发育为含感染性幼虫的虫卵（即感染性虫卵），在土壤内6个月仍具感染能力。鸡因吞食了含感染性虫卵的饲料或饮水而感染。幼虫在鸡胃内脱掉卵壳进入小肠，钻入肠黏膜内，经一段时间发育后返回肠腔，发育为成虫。从鸡吃入感染性虫卵到在鸡小肠内发育为成虫，需35～50天。除小肠外，在鸡的腺胃和肌胃内也有大量虫体寄生。3～4月龄雏鸡易感染和发病，1岁以上的鸡为带虫者。

虫卵对外界环境因素和常用消毒药物的抵抗力很强，在严寒冬季经3个月的冻结仍能存活，但在干燥、高温和粪便堆沤等情况下很快死亡。

（二）临床症状

雏鸡感染的症状明显，表现为精神沉郁，羽毛松乱，行动迟缓，食欲不振，生长发育不良，下痢，有时粪中混有带血黏液，消瘦、贫血，黏膜和鸡冠苍白，最终可因衰弱而死亡。严重感染者可造成肠堵塞而死亡。成年鸡多属于轻度感染，一般不表现症状，严重时表现下痢、产蛋率下降和贫血等症状。

（三）病理变化

当幼虫钻入肠黏膜时，损伤肠绒毛，引起肠黏膜出血，产生结节和炎症，消化功能发生障碍，肠壁细胞增生。成虫寄生于肠管内，排

肠道中的蛔虫

泄物含有毒素，能引起慢性中毒，最终导致雏鸡生长迟缓，母鸡产蛋率下降。成虫寄生数量多时肠管阻塞，甚至破裂而导致鸡死亡。

（四）诊断

流行特点和临床症状可作参考，饱和盐水漂浮法检查粪便发现大量虫卵，剖检在小肠或腺胃、肌胃内发现有大量虫体，即可确诊。

肠道中的蛔虫

（五）防治措施

1. 消灭中间宿主

为防止中间宿主蚂蚁、甲虫、蝇类和陆地螺的滋生，除采用药物驱杀外，应经常打扫鸡舍，不要在鸡舍附近堆积垃圾、碎石和枯木。

2. 雏鸡和成年鸡分开饲养

加强饲养，饲喂全价饲料，在饲料中添加足量的维生素 A、B，注意饮水卫生。成年鸡多为带虫者，容易污染环境，造成雏鸡的感染。

3. 定期检查鸡群，治疗病鸡

在不安全的鸡场，产蛋前一个月驱虫。雏鸡和母鸡在同一场地饲养时，全部进行驱虫。

4. 药物治疗

治疗可选用阿苯咪唑、丙氧咪唑、左旋咪唑、甲苯咪唑、噻咪唑、哌嗪、苯硫咪唑、四咪唑等药物。

单元七
营养缺乏症

单元提示

1. 钙、磷缺乏症

2. 维生素缺乏症

3. 微量元素缺乏症

4. 氨基酸缺乏症

一、钙、磷缺乏症

肉鸡日粮中钙和磷含量不够、钙磷比例不当或维生素 D 不足，都会影响钙和磷的吸收利用。雏鸡、育成鸡日粮中钙磷比以 1.5:1 ~ 2.0:1 为宜。磷缺乏时，鸡表现为厌食、倦怠、生长迟缓、骨骼发育不良，严重时发生软骨症；钙缺乏时，鸡生长迟缓、骨骼发育不良、患佝偻病、骨脆易断或软而弯曲、两腿变形、龙骨弯曲。日粮中磷含量多会引起鸡骨组织营养不良，钙磷比失调则引起雏鸡佝偻病、瘫痪。

钙缺乏引起鸡腿变形

钙磷比失调引起鸡瘫痪

二、维生素缺乏症

（一）维生素 A 缺乏症

雏鸡主要表现精神委顿，衰弱，运动失调，生长缓慢，消瘦；成年鸡主要表现食欲不佳，羽毛松乱，消瘦，鸡冠发白、起褶皱，步态不稳，往往用尾支地。

冠和肉垂苍白，眼角有干酪样物

（二）维生素 D 缺乏症

通常雏鸡 2～3 周龄症状明显，除了生长迟缓、羽毛生长不良外，主要呈现以骨骼软为特征的佝偻病，行走吃力，躯体向两边摇摆，以跗关节着地。病鸡还会出现软喙。

病鸡软喙

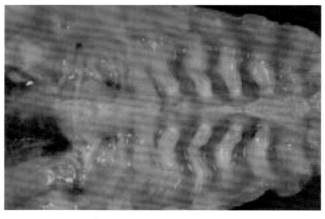

肋骨与胸骨连接处膨大

（三）维生素 K 缺乏症

主要症状是出血，胸部、翅膀、腿部、腹膜及皮下、胃肠道都能看到紫色斑点。肠道出血严重的鸡发生腹泻，严重贫血，衰竭死亡。

（四）维生素 B_1（硫胺素）缺乏症

硫胺素缺乏症致死的雏鸡皮肤广泛水肿，肾上腺肥大，母鸡比公鸡更为明显。维生素 B_1 缺乏症病鸡表现典型的"观星状"，有的头向后极度弯曲。

病鸡呈"观星状"

头向后极度弯曲

（五）维生素 B_2 缺乏症

雏鸡多在 1~2 周龄发生腹泻，食欲良好，但生长缓慢，消瘦衰弱。病鸡特征性症状是足趾内向蜷曲，不能行走，以跗关节着地，展开翅膀以维持身体平衡，两腿瘫痪。腿部肌肉萎缩和松弛，皮肤干且粗糙。病雏吃不到食物而饿死。

维生素 B_2 缺乏引起的病鸡脚趾弯曲

（六）维生素 B_5（泛酸）缺乏症

雏鸡表现羽毛生长阻滞和松乱。病鸡头部羽毛脱落，头部、趾间和脚底皮肤发炎，有皮肤脱落并产生裂隙，以致行走困难。

（七）烟酸缺乏症

雏鸡、青年鸡均表现生长停止、发育不全及羽毛稀少，雏鸡多发病。

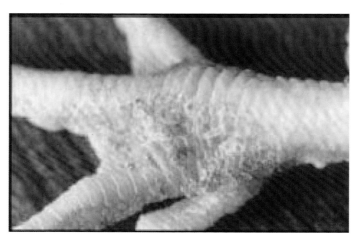

烟酸缺乏引起的病鸡脚趾皮肤溃烂发炎

（八）维生素 B_6（吡哆素）缺乏症

雏鸡表现食欲下降、生长不良、贫血、骨短粗病和神经症状。病鸡双脚神经性颤动，多数因强烈痉挛抽搐而死。

（九）维生素 B_9（叶酸）缺乏症

病鸡喙变形，胫跗骨弯曲；雏鸡表现生长停滞，贫血，羽毛生长不良或色素缺失。成年鸡表现产蛋率下降。

（十）维生素 B₁₂（又称钴维生素）缺乏症

病雏表现生长缓慢，食欲降低，贫血。

（十一）胆碱缺乏症

雏鸡表现生长停止、腿关节肿大，突出的症状是骨短粗症。

病鸡羽毛生长不良

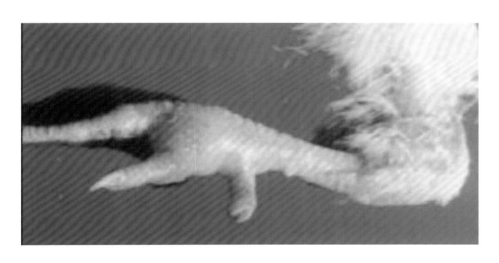

胆碱缺乏引起的病鸡关节肿大

（十二）维生素 H（生物素）缺乏症

雏鸡表现生长迟缓，食欲不振，羽毛干燥、变脆，趾爪、喙和眼周皮肤发炎，以及骨短粗等。有的病鸡趾爪溃疡结痂。

137

病鸡趾爪溃疡结痂

三、微量元素缺乏症

（一）锰缺乏症

病鸡表现生长停滞，骨短粗症，胫跗关节增大，胫骨下端和跖骨上端弯曲扭转。病鸡腿关节扁平而无法支持体重，将体重压在跗关节上。

病鸡关节扁平，无法负重

筋腱滑脱

（二）维生素 E、硒缺乏症

维生素 E 缺乏常伴有硒缺乏，一般 3～6 周龄鸡群较易发病，发病快、病程短，雏鸡多在 1～3 日死亡。病鸡精神沉郁，食欲下降，羽毛松乱，双翅下垂。随着病情加重，病鸡皮肤呈淡绿色至淡蓝色，胸部、腹部、两腿内侧皮下水肿。病鸡站立不稳、行走困难，鸡冠苍白，拉稀，最后衰竭死亡。胰腺变性坏死、纤维化、体积变小、质硬，消化机能降低或消失。维生素 E 缺乏时小脑软化出血。

硒缺乏引起的胰腺萎缩

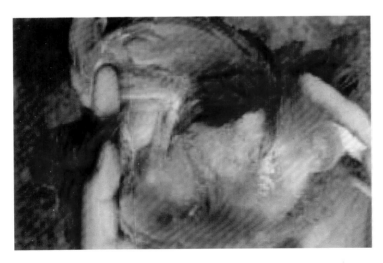

硒缺乏引起的皮下蓝绿色水肿

硒缺乏引起的胸部肌肉灰白色条纹

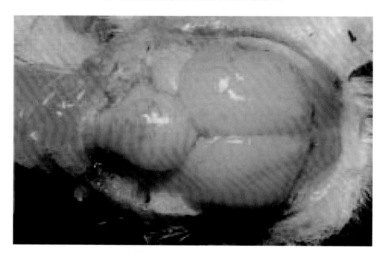

维生素 E 缺乏引起的小脑软化与出血

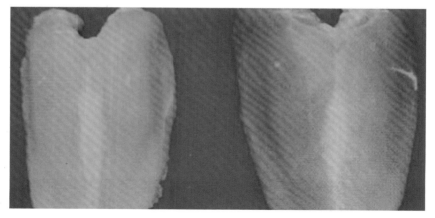

维生素 E、硒缺乏症引起的白肌病（右侧为正常）

（三）锌缺乏症

病鸡表现羽毛干燥、缺损，无光泽，羽毛末端折损，尤以翼羽和尾羽明显；腿爪部皮肤角化严重。

锌缺乏，羽枝脱落

锌缺乏，羽毛竖立和卷曲

（四）铁、铜缺乏症

病鸡表现贫血，羽毛缺乏色素、颜色变淡、缺乏光泽等症状。

（五）碘缺乏症

碘缺乏症可导致甲状腺肿大，病鸡生长缓慢、嗜眠、骨骼发育不良、羽毛不丰满；雏鸡先天性甲状腺肿。

四、氨基酸缺乏症

氨基酸是各种蛋白质和酶的组成成分，鸡缺乏时，会表现生长受阻，增重缓慢，脂肪沉积过多，生产性能下降，以及异食癖、机能障碍等。

（一）赖氨酸

赖氨酸参与合成脑神经细胞和生殖细胞。鸡缺乏时，表现生长停滞，红细胞色素下降，氮平衡失调，肌肉萎缩，消瘦，骨钙化失常等。

（二）蛋氨酸

蛋氨酸参与甲基转移。鸡缺乏时，表现发育不良，肌肉萎缩，肝脏、心脏机能受损等。

（三）色氨酸

色氨酸参与血浆蛋白质的更新，有增进核黄素的作用。鸡缺乏时，表现受精率下降，胚胎发育不正常或早期死亡。

（四）亮氨酸

亮氨酸合成体蛋白与血浆蛋白。鸡缺乏时，可引起氮的负平衡，体重减轻。

（五）异亮氨酸

异亮氨酸参与体蛋白合成。鸡缺乏时，则不能利用外源氨，青年鸡死亡。

（六）苯丙氨酸

苯丙氨酸参与合成甲状腺素和肾上腺素。鸡缺乏时，甲状腺素和肾上腺素受到破坏，青年鸡体重下降。

（七）组氨酸

组氨酸参与机体能量代谢。青年鸡缺乏组氨酸，表现生长停止。

（八）缬氨酸

缬氨酸有保持神经系统正常的作用。青年鸡缺乏时，表现生长停止、运动失调。

（九）苏氨酸

苏氨酸参与体蛋白的合成。青年鸡缺乏时体重下降。

含硫氨基酸缺乏引起的鸡脱毛、生长发育迟缓

家禽矿物质和维生素缺乏症

主症	其他症状	对象	缺乏的营养成分
皮肤损伤	眼圈、喙周围皮肤结痂	雏鸡	生物素、维生素 B_5
	脚掌粗糙，有出血、裂缝的硬结，脚趾多鳞	雏鸡	锌、烟酸
	眼圈损伤，眼睑粘在一起	雏鸡	维生素 A
	口腔黏膜发炎（黑舌病）	雏鸡	烟酸
羽毛异常	羽毛卷曲、粗糙	雏鸡	锌、烟酸、维生素 B_5 和叶酸
	羽毛缺乏色素	雏鸡	铜、铁、叶酸
	伴有头部收缩性痉挛	雏鸡	维生素 B_1
	伴有兴奋性痉挛	雏鸡	维生素 B_6
神经异常	蜷爪麻痹症	雏鸡	维生素 B_2
	小脑软化症	雏鸡	维生素 E

（续表）

主症	其他症状	对象	缺乏的营养成分
血液和血管系统异常	贫血	禽	维生素 B_{12}、铁、铜
	巨红细胞型，血红素过多	禽	铁、铜
	小红细胞型，血红素过少	禽	维生素 B_6、铁
	肌肉、皮下出血	禽	钾、铜
	渗出性素质	雏鸡	维生素 E、硒
	心肌肥大	雏鸡	铜
肌肉异常	肌肉营养不良，白肌病	禽	维生素 E、硒
	心肌病	禽	维生素 E、硒
骨骼异常	骨松散，佝偻病	禽	维生素 D、钙、磷
	滑腱症	雏鸡	生物素、胆碱、维生素 B_{12}、叶酸、锰、锌
	腿骨变短、变粗	雏鸡	
腹泻		雏鸡	烟酸、维生素 B_2、生物素、铜、锌